廢租小套房還硬要煮

租小套房還硬要煮 著

當初房東交代只能煮水餃泡麵跟燙青菜

租小套房幹嘛還硬要煮啦！

煮食心法

我不想欺騙大眾，說些什麼跟著這本書的指示，就可以在套房輕鬆煮出美食噢巴拉巴拉等的垃圾話；因為在有重重限制的套房煮飯從來都不簡單。以下是幾個能帶領你跨越這些阻礙的心法，畢竟你知道很多事情的成與不成，都端看你的一念之間。

1
自己能煮的就不要給老闆賺。

關於錢有多難賺這件事情，作為悲情受薪階級的你我是再清楚不過。所以自己能煮的，就不要給老闆賺。為了一盤被滾水燙熟淋個醬油膏就結案的青菜，要我付50塊錢那是沒可能的！！！我一小時才賺多少錢???！！！（勸你別真的去算，會哭。）所以舉凡燙青菜、下麵、滾粥這種菜色，親力親為不但省錢還能自己升級加料。

煮食動機

動機 1
一整天在外面幫公司賣命至少八小時，把剩餘的一點時間留給自己做頓飯並維持基本生存機能。

動機 2
租屋處附近除了超商以外沒幾間在賣吃的。

動機 3
僅存幾間在賣吃的煮得不怎樣，不想掏錢出來買。

2
該給老闆賺的就給老闆賺。

雖說自己能煮的就不要給老闆賺，但該給老闆賺的還是要給老闆賺。比方說像炸鹹酥雞好了，這種又要醃肉又要起油鍋 搞到整個房間像失火，最後還可能因電磁爐火力不足或不諳火侯掌控，導致無法順利搶酥整塊肉油到你哭的菜色，就要捨得把錢掏出來給老闆賺，最好再順便到旁邊超商加購一罐啤酒。錢要花就要花得讓自己爽 懂？但想挑戰套房廚藝極限的朋友，這本書也是有為你示範如何成功的炸雞（帥）。

▲▲ 關於哪些菜色到底自己能不能煮，究竟要不要給老闆賺，這本書裏頭的菜可以作為你的參考依據；因為每一道菜色確確實實都是在一間八坪套房裡頭產出的。▲▲

目錄

作者序：租小套房幹嘛還硬要煮啦！　　02

小套房烹煮兵器圖鑑　　10

本書使用說明　　12

肉類料理篇
抱歉了雞雞、豬豬和牛牛！！！
CHAPTER 1

97% 內容物為根莖類的雞肉起司燉煮　　16
雞肉！！！你在哪裡！！！（聲淚俱下）

廢物版糖醋雞丁　　17
沒力醃漬裹粉起油鍋時的最佳替代方案。

成敗論英雄的豉汁排骨　　18
成了是豉汁排骨，敗則是恥之排骨。

耿直的你還在啃小棒腿　　19
下流的他已經抱住主管大腿。

豬皮 extra 加量不加價的滷肉飯　　20
你我的業務 extra 加量薪水也不加價。

作一盤不擺老的滑蛋牛肉　　21
牛肉滑嫩咕溜才能不卡牙縫；
前輩不擺老才能受人敬重。

涮肉報復社會的壽喜燒　　22
把人生的不公不義燙熟，大口嗑掉。

想去馬爾地夫耍廢
但只能來鍋南洋咖哩雞肉　　23
想渡假的心情跟周末是不是剛過沒啥干係。

發薪日內心一片祥和風洋蔥牛排　　24
身為一條狗的心願不多，其中一個就是
想要天天吃肉肉。

聽說打拋豬加番茄是死罪　　25
反正老娘已經在公司死了千百萬遍我無
所謂（聳肩）。

餿水系泡菜豆腐鍋　　26
火鍋與餿水的界線總是如此曖昧。

種瓜得瓜種豆得豆乳雞　　27
嘿，現在的你，
還相信要怎麼收穫就怎麼栽嗎？

涼拌系列之跟主管拍桌前要三絲　　28
不懂拍馬屁就算了桌子不要亂拍。

究竟是王八同事＿＿＿還是滷牛腱　　29
請自行代入空格。

當內心一片虛無水咖哩　　30
腹肚宿便卻滿滿的
（咦這樣還嗑得下去嗎？）。

在一切失控以後，我們控肉。　　31
小腹上那三層肉是你我所僅有。

覺得自己被榨乾咖哩　　32
沒過勞猝死活下來的每天都是一種
幸運（遠目）。

填滿內心空洞之番茄鑲肉　　33
掏空的番茄可以鑲肉，人被掏空
只能是行屍走肉。

來人啊肉呢？？？！！！ 快！！！（急）　　34
喊完自己走去全聯。

黑啤牛 year　　35
Happy 的關鍵在於黑啤酒要
記得多買一瓶自用。

海鮮料理篇
先別管什麼膽固醇跟痛風了。
CHAPTER 2

看人家跳槽我眼紅咖哩　　38
人家被挖角我只能撿角。

嗚嗚嗚烏魚子怎麼可以這麼好吃　　39
好吃到哭出乃。

感恩 seafood 讚嘆 seafood 的雙鮮煲　　40
生活欲振乏力時，seafood 會為你加持
帶來滿滿能量。

套房一秒變帝寶的煎大干貝佐松露醬　　　41
呃事實上把幾顆干貝放進嘴裡
並不能真的消弭貧富差距。

希望主管要多吃含 Omega 3 的鮭魚　　　42
長話短說總鮭一句，腦殘補腦。

很閒的時候才能煮的絲瓜蛤蜊　　　　　43
不是每天都有那個性命等吐沙。

吃人嘴軟絲尬奶油醬油跟蒜頭　　　　　44
內心對主管各種不滿，
但真要辭職又沒膽。

怒煎台灣鯛　　　　　　　　　　　　　45
那麼愛吵愛鬧我就煎得你滋滋叫。

陪你一起喝啤酒蝦　　　　　　　　　　46
邊緣人斜槓酒鬼限定菜色

不會覺得嗆的哇沙米奶油乳酪燻鮭吐司　47
平常都被客戶嗆慣了。

想對自己豎起大拇指的炸牡蠣　　　　　48
若房東發現應該只想對我比中指。

如果可以吃補誰想要吃苦的藥膳蝦　　　49
又不是頭殼壞去。

午餐會議味噌烤魚讓人食不知味　　　　50
會議上的便當多豪華都沒有太大意義，
但訂到難吃的根本值得下地獄。

同間公司待好幾年還是覺得　　　　　　51
水土不胡椒蝦
一踏入大門就一陣心悸暈眩（扶額）。

蔬菜菇菇料理篇
來賓掌聲歡迎
便！祕！救！星！！！
CHAPTER 3

一切都是幻覺的魚香茄子　　　　　　　54
明明沒有魚卻有魚香的茄子；
明明有去上班卻沒有存款的我。

櫛對不花你五分鐘的櫛瓜沙拉　　　　　55
櫛果擺盤就擺了十分鐘。

在開演唱會的薑汁番茄　　　　　　　　56
喜歡這味的朋友舉個手好嗎～～～

好主管是一盤培根炒高麗菜　　　　　　57
作決策要像高麗菜一樣乾脆爽快；獎金
數字要像培根一樣油油香香讓人捨不得
丟辭呈離開。

吃完會在房間尬寶萊塢舞蹈的印度　　　58
風烤白花椰菜
雙手合十頸部快速左右橫移。

每當主管叫我時就會內心發涼菜盤　　　59
人家怕。

沙拉加冷筍　　　　　　　　　　　　　60
小便偶爾也會加冷筍。

炒水蓮長還是你的工時長？　　　　　　61
我只知道社畜的狗命可能比較短。

簡報作到飛蚊症時來點　　　　　　　　62
椒麻花生紅蘿蔔絲
追劇追到睫狀肌緊張也可以加減吃。

每次主管說我們像一家人時　　　　　　63
就會想吃蜂蜜梅漬番茄
感到噁心時來點酸甜食物止吐。

讓人哭爹喊娘的蒜香培根奶油玉米粒　　64
媽啊不誇張真的香到靠杯。

轉職三部曲之三杯米血杏鮑菇　　　　　65
靠杯、乾杯、擲筊杯。

醉翁之意不在酒的炒青椒　　　　　　　66
人家只想吃牛肉。

魯蛇版巴薩米克醋炒菇　　　　　　67
巴薩米克醋價格高低懸殊；
魯蛇我買了一罐200塊不到的。

人客你這樣一直炒　　　　　　　68
一直蘆筍失的是你的尊嚴
我沒差啦我的尊嚴早就沒了。

好想跟奶汁白菜一樣軟爛　　　　69
我就廢。

涼拌系列之我對一切都感到麻木耳　70
但臉上為什麼還是掛著笑容。

主管的臉烏雲密布拉塔起司生菜沙拉　71
事實上就算他一臉晴空萬里
對你的薪情也沒太大助益。

體重櫛櫛攀升時請務必試烤櫛瓜　　72
溫馨小提示：但不能是以下這種
沒櫛操烤法。

對抗通膨請投資黃金泡菜　　　　73
說起來錢變薄這件事也不用過分擔心啦，
因為本來也沒存多少錢。

蛋類料理篇
雞蛋與豆腐就是
蛋白質界的badass。
CHAPTER 4

開口招了的蛤蠣蒸蛋　　　　　　76
務必先泡鹽水讓牠們嘴軟。

想來個羅馬假期結果只能回家　　77
煎他個義式番茄起司蛋
能在職場各種磨難存活下來的
你我都是社畜界的神鬼戰士。

大叔魂爆發の涼拌毛豆　　　　　78
放大叔出來，今夜讓他啃個夠。

助你早日奔向財務自由的茶葉蛋　79
自己會做的話一天
可以多存十塊（噴乾冰）。

加班加到麻痺時來點麻婆豆腐　　80
用香辣衝擊味蕾、刺激靈魂。

以臭豆腐面目示人的氣炸油豆腐　81
這年頭作自己談何容易。

豆腐業外派駐日員工　　　　　　82
明太子氣炸油豆腐君
咪娜桑，一緒膩辭職得死嘎（燦笑）。

有在學佛的茴香煎蛋（卍）　　　83
煎蛋將功德茴向給眾社畜，
祝福眾犬早日脫離畜生道輪迴。

與其頭殼抱著燒不如　　　　　　84
東西收一收回家玉子燒
反正一時半刻我這腦袋
也燒不出什麼舍利子啦。

一定入味的滷豆干　　　　　　　85
我都魯了十幾年了。

累到懶得咀嚼時吃酪梨豆腐　　　86
嗚又是咬緊牙關苦撐的疲勞一天。

麻油雞佛也發火　　　　　　　　87
受薪階級不分男女都能領略的
歸懶趴火。

澱粉料理篇
讓我們用碳水化合物的甜美來抵禦這人世的苦澀。
CHAPTER 5

殲滅馬鈴薯行動—沙啦！ 90
報告長官！任務完成！

客人一直這也嫌那也鹹蛋糕 91
怎樣都不滿意是要我cheese逆！？

別跟我說早餐吃炒麵too heavy 92
這世間heavy的事豈止炒麵而已？
吃啦，怕什麼。

你又胃食道逆流了嗎之香菇油飯 93
糯米吃太多易分泌過多胃酸，
租小套房還硬要煮關心您。

被客戶炸得咪咪帽帽回家炸醬麵 94
不醬，啊不然我是有種炸回去逆。

被假想成客戶們的水餃 95
水滾起來的時候都給我下去，全部。

遇到辣薩咪啊要吃Laksa叻沙麵 96
吃燒餅哪有不掉芝麻，出來江湖走跳
多少都會遇到拍咪啊。

道德淪喪極惡系列之起司通心粉 97
緊繃褲頭的制裁終將到來。

極速傳說料理系列之牛丼飯 98
人要比車兇；下班就要手刀往前衝。

自暴自棄的起司醬 99
淋培根玉米雞蛋馬鈴薯
讓我肥Ａ～～～（請自行搭配
伍佰老師愛情的盡頭副歌旋律）。

有靈魂的鹹粥 100
一碗鹹粥的靈魂就是油蔥酥，
沒它這粥只是碗被水滾過的飯。

史上最強疲勞對策之電鍋蒸餃 101
蒸得好累RRRR。

血汗榨菜肉絲麵 102
榨菜再鹹，鹹不過你被榨出的汗與淚。

富貴功名之於我如 103
過眼雲煙花女義大利麵
鹹酸辣才是生活的真實氣味。

沒種裝皮蛋瘦肉粥 104
於是累到快被鬼抓走。

殲滅馬鈴薯行動趴兔—蔥啊 105
敵軍已全數壓制，我方大獲全勝！

優質房客的你值得優質的泡麵 106
給按時繳納房租水電的自己
尬兩粒大干貝以資鼓勵。

想辭職的心不分四季豆拌飯 107
然後要死不活的又多待了一年那樣。

你是不是也腸腸覺得人生 108
很南瓜義大利麵
那不是錯覺，那是因為你缺錢。

因為人生很可能只是一場窮芒果糯米飯 109
所以上工時能裝芒就要盡量裝芒。

生活黏膩感揮之不去時 110
來碗秋葵山藥蓋飯
甩不掉？那吃掉。

那年員工旅遊沒去大阪吃大阪燒 111
一群人被迫跟老闆關在大板根（註）
強顏歡笑。

人生再乏味我也不想經歷什麼 112
千錘百煉乳法式吐司
戶頭老是莓什麼錢已經是這輩子
最嚴峻的試煉。

一寸光陰一寸金瓜炒米粉 113
這幾年作為社畜的光陰
並沒讓我賺到什麼金。

希望每天都迷迷糊蝴蝶麵拌青醬蝦仁 114
不想覺知星期一上工的焦慮感。

不要再叫我加油漬番茄蛤蠣義大利麵 115
請直接匯款給我謝謝（鞠躬）。

讓人流淚的不是洋蔥圈 116
是那個一天囚禁你至少八小時的
小隔間。

是誰有那個美國時間
下班還揉麵的水餃皮披薩　　　117
呃我本人今天是沒有。

你真正的對手是你自己，
不用跟別人比斯吉　　　118
每次比也都比輸是在比心酸。

客人發瘋你要比他更楓糖培根鬆餅　119
who 怕 who。

湯品篇
當你對這世界失望，讀一百本心靈雞湯不如回家滾他一鍋湯。
CHAPTER 6

上工遇到鯛民回家要喝鱸魚湯　　　122
被盧小小盧到內傷，補一下。

下重本的大牡蠣濃湯　　　123
金價牡湯。

享天倫之樂的老菜脯雞湯　　　124
老菜脯、菜脯本人以及他兒子菜頭，
三代齊聚一堂同歡（搭肩膀搖）。

充滿人生隱喻的餛飩湯　　　125
在海海人生載浮載沉，前途一片混沌。

味噌湯界的瑪莎拉蒂　　　126
嚕嚕嚕嚕嚕！！！（引擎模擬音效）

要多濃有多濃的玉米濃湯　　　127
如同對主管的恨意。

自助餐店菜頭湯 4.0
內含整粒貢丸香菇跟排骨　　　128
當別人家夥計一整天，下班作自己的超
佛心老闆娘。

炒到我靈魂出竅的洋蔥湯　　　129
咦這種魂不附體神不守舍，
猶如行屍走肉的感覺怎麼如此熟悉。

Chill 的麻油雞　　　130
米酒套下去哪有不桑的，一定桑啦！

喝到ㄎㄧㄤ掉的燒酒雞　　　131
我是誰??? 我在哪???

汪汪旺來苦瓜雞湯　　　132
「老闆，您找我（苦瓜臉）？」

被公司折磨得面目全非喝還我漂漂湯　133
視訊會議時被螢幕中面容枯槁的
自己嚇醒。

過好爽的烤年糕　　　134
先是在烤箱三溫暖，
又去紅豆湯泡溫泉；
這樣鬆軟香甜的人生人家也想要～～～

公司就算不啃你的骨
也要剝你的皮辣椒雞湯　　　135
對員工仁慈就是對他自己殘忍。

人算不如天蒜頭蛤蠣雞湯　　　136
真的沒想過，工作這麼多年存款
算下來竟然可以這麼少（震驚）。

白天也許不懂夜的黑蒜頭雞湯　　　137
但主管純粹是不在乎你有多累。

我聽見他們在談論理想人參雞湯　　　138
理想人生是什麼模樣我還沒有確切
解答，但癡心妄想倒是有好幾打。

今天……累…到…命…去…
一…半…天筍…雞湯……　　　139
半天筍…就是…檳榔心…
（氣…若…游絲……）

酒水篇

整間套房都是你的小酒館；喝茫還可直接躺地板。

CHAPTER 7

今天莓心琴上班之
草莓琴費士 (Gin Fizz) ... 142
講得好像明天就會有一樣。

抄出一把螺絲起子 ... 143
並不是要尻主管的頭，
只是想把自己轉鬆。

被客戶轟得體無完膚要喝B52轟炸機 ... 144
在理智線斷裂喊出老娘不幹了之前，
先讓自己喝到斷片。

強烈建議麥當勞要推出的威士忌可樂 ... 145
反正對客戶提什麼案都會被打槍；
我就喊喊自爽。

今年也一事無成有點悲桑格利亞水果酒 ... 146
明年一定要更認真喝噢！！！加油！！！

嗡嗡嗡的一天要
喝蜂之膝 (Bee's Knee) ... 147
累到腳軟。

少女心大噴發的粉紅草莓貝禮詩 ... 148
掏錢買草莓時還是要拿出
大嬸的狠勁殺價。

推薦給輕度便祕患者的養樂多套高粱 ... 149
讓腸胃跟心情不再緊張作伙一起桑。

半夜睡不著覺要喝熱巧克力牛奶酒 ... 150
心情哼成歌，應該只會聽到吹狗螺聲。

來來來將燒啤捧高高 ... 151
請自行搭配台語女歌手龍千玉～
第三杯酒的旋律，謝謝。

禮拜一不喝行嗎之威士忌水割 ... 152
再嗑一塊生巧克力也是剛好而已。

理想生活大概是像Mojito這樣 ... 153
甜甜涼涼茫茫的。

人生就算沒有粉紅泡泡
也不能血尿的葡萄柚琴通寧 ... 154
沒有粉紅泡泡可以自己創造，
血尿只能請假去掛號。

人家在開耶誕趴我龜在家
鍋煮香料熱紅酒讓自己桑 ... 155
廢宅系社畜平安夜活動指南。

說什麼以茶代酒笑死要喝就喝茶酒 ... 156
不要被人家看沒有。

與其罵雪特不如瑪格麗特 ... 157
畢竟揣著狗屎不放並不會更快樂。

後記：... 158
也許煮飯時是我最不廢物的時候。

兵器圖鑑 小套房烹煮

作飯如作戰

關於作飯很療癒這個說法我個人持保留態度。下班累得跟狗一樣還要在有限的時間買菜、備料、把食物們弄熟到可以入口,而且最好美味程度不能低於平均值太多,最後還要收拾恢復場地清潔……。這基本上作戰來著的,何來療癒一說?既然是一場戰役,總不好沒帶槍就上陣,存心找死不成?套房空間有限,兵器必得精挑細選,最好能無役不與,攻無不克,戰無不勝。

1

2

3

4

5

6

本人套房使用率前十大精良兵器一覽

1. **大同電鍋** 根本國粹。
2. **Balmuda烤箱** 烤箱界小鋼炮。
3. **recolte調理機** 非醬不可。
4. **Staub/Le Creuset鑄鐵鍋** 廚房裡的微重訓。
5. **柳宗理單手鍋** 手殘朋朋一定要擁有。
6. **柳宗理鑄鐵平底鍋** 不沾才敢大聲。
7. **量杯/量匙/電子秤** 差不多人生僅存的一點精準。
8. **柳宗理不銹鋼廚刀18cm** 干將莫邪。
9. **Muji不銹鋼削皮刀** 人生苦短,不能錯過唰唰唰削皮的極致快感。
10. **料理剪刀** 剪不斷理智線會斷;生熟食用要分開以免烙賽。

使用說明

1 本書使用之液體調味料（如醬油、米酒、醋…）量匙單位大匙為 15ml，小匙為 5ml；固體類調味料（如糖、太白粉…）量匙大匙為 7.5ml，小匙為 2.5ml。任意大幅調整可能導致鹹到敗腎、甜到糖尿抑或是讓嘴裡淡出鳥來的情況發生。

2 本書中所標示之食材份量均為 2 至 3 餐份，大食怪及小鳥胃人請依平日飲食攝取份量作為採購食材依據，以免產生人體於短時間內體重急遽下降上升如激瘦或爆肥現象。

3 對食物氣味敏感者請勿在未能確保通風之空間操作本食譜，料理氣味及油煙可能沾附衣物或個人物品導致崩潰。

請充分詳閱以下使用說明內容,並確實遵守警告以免導致重大人身事故。

4　本書中並無標示各道菜色烹飪之花費時間,因為時間只是一種幻象。請謹慎評估個人當日實際生理疲勞指數跟心理崩潰程度,再決定是否煮食,避免發生在高溫爐前或持有尖銳刀具時虛脫啜泣的危險狀況。

5　書中部分文句雖可搏君一笑有助放鬆心情,但若有嚴重焦慮憂鬱等心理衛生問題建議及早尋求專業醫療求助,本書並無療效。

CHAPTER 1

肉類料理篇

抱歉了
雞雞、豬豬
和牛牛！！！

誰叫你們這麼好吃

CHAPTER 1

97%內容物為根莖類的雞肉起司燉煮

雞肉!!!你在哪!!!（聲淚俱下）

材料

S&B起司濃湯塊…1/2盒
全聯雞里肌肉…1盒

洋蔥…1顆
馬鈴薯…1顆
德國香腸…2根
紅蘿蔔…1/2根
南瓜…1/4顆
綠花椰菜…數朵
水…350ml
牛奶…350ml

含肉率3%

步驟

1. 根莖類成員們洗淨後全數切塊。美醜不計，胖瘦盡量一致。
2. 雞肉切塊，熱鍋倒油，放入雞肉煎至略帶焦色即可讓牠們中離去旁邊翹腳哈菸。
3. 翻炒為數眾多的根莖類成員以及德國香腸至出現香味。
4. 本來企圖把德國香腸切成日本小章魚，但切了一隻就住手了：香腸就香腸裝什麼章魚??? 荒～～～～躺！！！！（包青天上身）。
5. 倒入350ml的水量，中大火燉煮上述食材。
6. 確認大夥們已經軟爛時轉小火，倒入牛奶並置入濃湯塊攪拌均勻。
7. 再次恭請物以稀為貴雞肉出場；啪啪啪啪（罐頭掌聲）。
8. 它的綠花椰菜助理們也陪同一起入鍋。
9. 再次滾起時，即可關火服用。

▲▲願各路社畜都能薪情一片大好，讓桌上那鍋燉煮多點雞情，少點悲情。▲▲

請——給分！ ♡♡♡♡♡

廢物版 糖醋雞丁

沒力醃漬裹粉起油鍋的最佳代替方案。

材料 ♥廢

綠野農莊冷凍迷你炸雞塊…1/2包
　★於家樂福購入

紅、黃甜椒…各1/2顆
洋蔥…1/2顆
蒜頭…2瓣
鳳梨罐頭…1/2罐

番茄醬：萬能醋：鳳梨罐頭汁
＝1:1:1（各50ml）
太白粉水…50ml

步驟

1. 預熱氣炸鍋至攝氏180度。讓廢物冷凍炸雞塊進去躺個15分鐘。
2. 這15分鐘的空檔，熱鍋倒油，爆香蒜末。
3. 加入甜椒塊、洋蔥塊及鳳梨片進行翻炒至香味飄出。
4. 倒入糖醋汁，煮至微滾後加太白粉水勾芡至整鍋醬汁呈濃稠貌。
5. 去氣炸鍋叫廢物冷凍炸雞塊起床，換到上述鍋裡滾來滾去，滾到全身沾附醬汁即可起鍋服用。

▲▲在外面搖了一天的尾巴，回到家想耍點廢自是人之常情；好比說，整道料理你想就此停手在步驟1，改成吃炸雞也是可以的。▲▲

成敗論英雄的豉汁排骨

成了是豉汁排骨，
敗則是恥之排骨。

材料

全聯豬小排…1盒

蒜瓣…2粒
薑…大拇指尺寸大小
豆豉…1大匙
紅辣椒…1根
醬油…1大匙
醬油膏…1大匙
米酒…2大匙
糖…1大匙
香油…1小匙
太白粉…1大匙

步驟

1. 將豬小排置於流水下方沖洗15分鐘，帶走雜質血水與腥味後擦乾。
2. 薑、蒜切末；辣椒切圈；豆豉稍微切碎。
3. 把上述與調味料跟擦乾的排骨一起混合抓醃至少30分鐘以上。
4. 電鍋外鍋一杯水，置入後蒸煮至電鍋開關閥跳起。
5. 燜個10分鐘，開蓋確認排骨均已熟透即可服用。

▲▲豉汁排骨的成敗很容易檢視，嫩不嫩口、入味與否一嚐便知；然而人生的成敗如何定義…不用想太多，因為我們只是一條狗，汪汪。▲▲

耿直的你還在啃小棒腿？

下流的他已經**抱住主管大腿**。

材料

全聯小棒腿…1盒

蒜頭…1顆
醬油…3大匙
米酒…1大匙
蜂蜜…2大匙

狗腿換雞腿

步驟

1. 蒜頭拍碎；將蜂蜜加入醬油與米酒攪拌溶解。
2. 為求醃漬入味，用叉子捅小棒腿較多肉的部位；捅完後浸入上述混合液，放入冰箱醃漬一晚。
3. 隔日下班預熱烤箱後，雞皮面朝下，以攝氏200度烤15分鐘。
4. 翻面，雞皮面朝上再烤15分鐘。
5. 取出刷上蜂蜜水（蜂蜜：水＝1:1）後，再烤5分鐘即可出爐服用。

▲▲吃腿補腿，願耿直系社畜們的小狗腿們得以日漸茁壯，早日被主管看見加薪升官出頭天，有錢吃大雞腿，汪汪。▲▲

請——給分！♡♡♡♡♡

豬皮 extra 加量不加價的滷肉飯

你我的業務 extra 加量薪水也不加價。

材料

菜市場購入的五花肉…半斤
豬肉攤老闆娘施捨的豬皮…2塊

蒜頭…3～5瓣
紅蔥頭…3～5瓣
李錦記甘甜滷醬油…200ml
米酒…200ml
水…200ml
白胡椒粉…1小匙
油蔥酥…2大匙
黑糖…2大匙

俗到哭

步驟

1. 假日去鄰近菜市場的豬肉攤跟老闆娘說要五花肉半斤，作滷肉飯用的。她會幫你把肉絞好，還多尬兩塊豬皮給你補充膠原蛋白。

2. 老闆娘除了會送豬皮，還會靠杯你到底是懂不懂滷肉，沒有人五花肉在那邊買半斤的啦笑死人…（以下五百字略）。

3. 雖然老闆娘很煩，但全聯買回來的五花肉條還要自己切更煩，我可以忍。

4. 把豬皮跟豬肉們全部倒入鍋中，免倒油，開中火開始翻炒至豬油出且豬肉變色。

5. 下黑糖與豬肉一起翻炒，並加入拍碎的蒜頭及紅蔥頭炒至香味更濃郁。

6. 加入醬油、水、米酒、白胡椒粉及油蔥酥後，以中大火煮滾，轉小火上蓋繼續燉煮1至2小時，直到滷肉們全員軟爛即可關火服用。

▲▲業務被增量的日子回家就靠這鍋淋飯拌麵再燙個青菜混一餐，汪汪。▲▲

請——給分！ ♡♡♡♡♡

作一盤不擺老的滑蛋牛肉

牛肉滑嫩咕溜才能**不卡牙縫**；前輩不擺老才能**受人敬重**。

材料

全聯炒牛肉片…1盒
牛頭牌雞高湯…1/2罐

雞蛋…2顆
蒜頭…3瓣
青蔥…1根
辣椒…1根（可略）
醬油…2大匙
米酒…1小匙
白胡椒粉…少許
鹽巴…1小匙
香油…1小匙
太白粉…2大匙（1匙醃肉，1匙勾芡）

共勉之

步驟

1. 將牛肉片用醬油、米酒、胡椒粉、太白粉抓醃；再加入1小匙香油以免屆時牛肉下鍋黏成一坨炒不開。
2. 醃肉時間可長可短，依當日從辦公室逃生時間而定。但至少給它們10到15分鐘的時間入味。
3. 熱鍋倒油，爆香蒜末，置入牛肉片拌炒至五六分熟即停手，以免等等肉片過老卡牙縫。
4. 倒入1/2罐雞高湯及鹽巴煮至滾後，轉小火加入太白粉水（水：粉=2:1）勾芡煮至湯汁稍稠。
5. 以繞圈方式倒入蛋液，待蛋液凝固至喜愛熟度，牛肉片亦全數變色，即關火撒上蔥花跟辣椒服用。

▲▲看著講話分貝跟專業度不成正比的前輩，我警惕自己往後就算媳婦熬成婆也不要耍威風；但現在作一盤滑蛋牛肉，軟嫩度一定要有。▲▲

請——給分！♡♡♡♡♡

涮肉報復社會的壽喜燒

把人生的不公不義燙熟，大口嗑掉。

材料

洋蔥⋯1/2顆
大蔥⋯1根
豆腐⋯1/2盒
各種菇⋯
葉菜類⋯1把
紅蘿蔔⋯適量
牛肉片⋯2盒
李錦記甘甜醬油⋯100ml
牛頭牌昆布高湯⋯100ml
米酒⋯100ml
味醂⋯50ml

涮起來

步驟

1. 含淚把洋蔥切絲，大蔥切段，入鍋炒香。
2. 倒入醬汁後放入各種菇類；金針菇一把才十塊可以多放一點，香菇比較貴放兩朵意思意思一下就好。
3. 紅蘿蔔片、葉菜類跟豆腐也隨後入鍋；豆腐為優秀蛋白質來源，手頭很緊的時候要知道怎麼讓自己營養均衡；至於心理不平衡的部分就⋯⋯well。
4. 湯汁沸騰時開始涮肉。下班後能留著一口氣連滾帶爬突進全聯生鮮區，搶到兩盒肉已實屬萬幸；別去想和牛的事，好好吃飯，嗯？
5. 高級人類吃壽喜燒都會沾生蛋液，我只能說沒那個屁股就別吃那個瀉藥；問問自己買的蛋一顆幾元。
6. 食材都燙熟時即可服用。

▲▲不知是那鍋爐熱氣氤氳，或是醬汁與肉的結合太過甜美，總之模糊了社畜我的視線，汪汪。▲▲

請──給分！ ♡♡♡♡♡

想去馬爾地夫耍廢但只能來鍋南洋咖哩雞肉

想渡假的心情跟週末是不是剛過沒啥干係。

材料

全聯帶骨雞腿肉…1盒

紅蘿蔔…1/3段
馬鈴薯…1顆
洋蔥…1/2顆
豆腐…1/2盒
咖哩粉…2大匙
爪哇咖哩塊…1/4盒
小磨坊椰漿…1罐
牛頭牌雞高湯…1罐
香菜…適量

好想放假

步驟

1. 爆香洋蔥丁，紅蘿蔔塊，馬鈴薯塊。
2. 雞腿肉塊一起下去煎至上色。
3. 撒上咖哩粉，跟上述食材均勻翻炒至香味出。
4. 倒入雞高湯，滾至馬鈴薯及紅蘿蔔塊軟化。
5. 加入咖哩塊，攪拌至溶解後才加入椰漿。
6. 最後才投入豆腐塊以免被攪爛，以小火燉煮約十分鐘後撒上香菜即可關火服用。

▲▲如果說每天都是一頁新的旅程，禮拜一的我踽踽獨行於隨時會竄出猛禽異獸的熱帶雨林，飽受驚嚇困頓疲憊之餘還患了瘧疾，汪汪。▲▲

請——給分！ ♡♡♡♡♡

發薪日內心一片祥和風洋蔥牛排

身為一條狗的心願不多，其中一個就是**想要天天吃肉肉**。

材料

肋眼牛排…1片
　★於家樂福購入

洋蔥…1/4顆
青蔥…1根
鰹魚和風露…2大匙
萬能醋…1大匙
薑末…3g
香油…1/2小匙

> 興奮搖尾巴

步驟

1. 發薪日這天的晚餐菜色總是能有效消弭本犬內心暴戾之氣。
2. 以犬種來作比喻的話，月底的我會是比特犬，易怒且窮極兇猛；月初的我則是一條溫良敦厚的拉不拉多。
3. 日子的嗆辣感已經夠你受，洋蔥切小塊後請放入冰開水浸泡不然直接生吃會哭哭噢。
4. 牛肉退冰至常溫。務必確實熱鍋抹油才放肉開煎。
5. 兩面皆煎1至2分鐘至個人喜愛熟度後起鍋，靜置約10分鐘使肉汁回滲。
6. 調製和風醬；混合鰹魚和風露、萬能醋、薑末及香油。
7. 牛肉切片，鋪上洋蔥並撒上蔥花，淋上醬汁即可服用。

請——給分！ ♡♡♡♡♡

▲▲無錢令人愁，無肉令人瘦；發薪日就是要爽吃肉，送!!!▲▲

聽說打拋豬加番茄是死罪

反正老娘已經在公司死了千百萬遍我無所謂（聳肩）。

材料 ♥罪

全聯豬絞肉（粗）…1盒

小番茄…10顆
九層塔…1把
蒜頭…5瓣
洋蔥…1/2顆
醬油…2大匙
魚露…少量

泰式打拋豬調味粉
　★於全聯購入

步驟

1　熱鍋倒油，先下豬絞肉。
2　不要肉一下鍋就以為自己很會，拿鏟子在那邊發瘋瞎喇一氣；給豬肉們一點時間上色後再開始翻炒。
3　爆香蒜末與洋蔥丁後，與豬肉一起拌炒。
4　加入對半切小番茄後倒入醬油，魚露以及打拋粉進行調味。
5　豪邁加入去梗的九層塔，開大火翻炒。
6　此時約有二十來秒的時間可以幻想自己是霸氣總鋪師。

▲▲切勿陶醉太久忘了自己的本分是條狗；速速關火起鍋配飯服用，汪汪。▲▲

餿水系 泡菜豆腐鍋

火鍋與餿水的界線
總是如此曖昧。

材料 ♥餿

泡菜…600g
洋蔥…1/2顆
青蔥…2根
大白菜…1/2顆
豆腐…1盒
牛肉片…1盒
金針菇…1包
香菇…2個
雞蛋…1顆
MUJI泡菜口味脆麵…2小袋
高湯包…1袋
辣椒醬…3大匙
水…1200ml

步驟

1. 火鍋這玩意不論是水燒滾就投料，或是特意在湯頭上動點心思，開吃不出兩分鐘後都是同一個德性：餿水貌。

2. 然而作為一條自尊自重的套房界烹飪犬，該作的步驟不能省，偷雞摸狗的事情留待到辦公室在說（嗯？）。

3. 炒香洋蔥絲、蔥白段、香菇蒂頭、1/2量的泡菜後再加入辣椒醬拌炒。

4. 倒入水並置入高湯包、白菜切塊開始熬製湯頭至滾沸且蔬菜軟爛。

5. 陸續加入喜愛配料及剩下1/2量泡菜；肉片壓軸最晚下鍋以免口感柴硬，熟了即關火。

▲▲本犬素來胸無大志僅求生活溫飽，曖昧不會讓我受盡委屈(註)，肉片下不夠多的火鍋才會。註:引自女歌手楊丞琳之成名曲[曖昧]。▲▲

種瓜得瓜，種豆得豆乳雞。

嘿，現在的你，還相信要怎麼收穫就怎麼栽嗎？

材料

雞里肌肉…250g

豆腐乳…3塊
蒜頭…5瓣
醬油…1大匙
米酒…1小匙
糖…1大匙
地瓜粉…適量

好傻好天真

步驟

1. 每條里肌肉以料理剪分切3等份。
2. 將豆腐乳、蒜末、醬油、米酒、糖於醃肉容器中混和後，置入雞肉進行醃漬一晚。
3. 隔日取出均勻沾取地瓜粉。靜置數份鐘等待地瓜粉變色反潮。
4. 熱油完畢後（可投入少許地瓜粉或蒜末，若起泡則完成熱鍋），置入雞肉開炸。
5. 全數炸成金黃色後夾出。
6. 油鍋調大火力，再次置入上述已經在油鍋裡死去活來一回合的雞塊；二次開炸高溫逼油求酥脆。
7. 取出後待稍涼即可服用。

▲▲我並不是什麼愛唱衰的努力無用論者，我只是想在努力與努力的縫隙間吃一塊豆乳雞給自己一點喘息。▲▲

請——給分！ ♡♡♡♡♡

涼拌系列之 跟主管拍桌前要三絲

> 不懂拍馬屁就算了桌子不要亂拍。

材料

雞胸肉…300g

小黃瓜…2根
紅蘿蔔…1根
紅辣椒…1根（配色用，可略。）
蒜頭…5瓣
醬油…2大匙
萬能醋…2大匙
香油…1大匙

咦～愛注意！

步驟

1. 真的非得拍點什麼，可以先拍蒜去皮，切蒜末。
2. 雞胸肉以3%的鹽水浸泡一小時。以電鍋（外鍋半杯水）蒸至開關閥跳起，燜10分鐘後取出待涼剝絲備用。
3. 亦可以超商販售可直接食用之現成雞胸肉替代。
4. 小黃瓜洗淨後，去頭去尾，先切段再片，片後切絲。
5. 紅蘿蔔處理方式同上；唯紅蘿蔔生吃口感較生硬，故切絲後以滾水快速汆燙30秒。
6. 以上剝肉切絲的過程可有效緩解想把主管千刀萬剮的焦躁心情。
7. 將雞絲、黃瓜絲、紅蘿蔔絲加入蒜末及所有調味料攪拌均勻，置入冰箱待食材冰鎮入味即可服用。

▲▲常言道人貴自知，要明白自己只是一條受雇於人只會握手不能拍桌的狗狗，汪汪。▲▲

請——給分！ ♡♡♡♡♡

究竟是王八同事——還是滷牛腱

請自行代入空格。

材料

牛腱…800g
　★於全聯購入

大蒜…1顆
青蔥…2根
薑…50g
辣椒…2根
醬油…150g
米酒…100g
水…800g
冰糖…30g
滷味包…1個

> 我想留點口德

步驟

1. 辦公室就是個意圖使人造口業的場所；但與其怒責別人＿＿＿＿不如放下罣礙來滷牛腱。
2. 起滾水一鍋，置入3片薑片，汆燙牛腱肉去除雜質。
3. 熱鍋倒油，翻炒蒜頭、薑片、青蔥段、辣椒至香味出。
4. 放入水、所有調味料、滷包及牛腱後，轉中大火煮至滾沸。
5. 滾沸後轉小火上蓋燉煮約1小時即可關火。
6. 靜置待涼後放入冰箱約半日，切片佐醬油膏及蔥花服用。

▲▲俗話說「人情留一線，日後好相見。」空格中那個字我沒說，是你說的。▲▲
#我就孬

請——給分！♡♡♡♡♡

當內心一片虛無水咖哩

腹肚宿便卻滿滿的（咦這樣還嗑得下去嗎？）。

材料

牛肋條…500g

紅蘿蔔…1/2條
馬鈴薯…1顆
洋蔥…1顆
牛番茄…3顆
蘋果…1顆
市售咖哩塊…1/2盒
黑巧克力…2片（約20g）
月桂葉…2片
★於全聯購入

空虛寂寞覺得冷

步驟

1. 偶有這種時刻，連靠杯都乏力、對這世界無語。
2. 酒也不好一直喝下去，那來煮咖哩。
3. 熱鍋倒少許油，先炒洋蔥塊至香氣出。
4. 將番茄、蘋果、月桂葉、紅蘿蔔、馬鈴薯、牛肋條塊依序疊放鍋中（易出水食材置底）。
5. 蓋上鍋蓋，以小火開始燜煮約1～1.5小時至眾食材軟爛。
6. 開蓋加入咖哩塊攪拌至溶解。
7. 日子若免不了空虛寂寥，咖哩味道就一定要豐富有層次；記得下兩塊靈魂系食材之黑巧克力。
8. 完成調味後，靜置待涼放入冰箱，隔夜後再加熱服用效果最佳。

▲▲心田若覺乾涸，就用一鍋有滿滿蔬果牛肉精華的咖哩來灌溉，嗑完不必然法喜充滿，但宿便應該可以多少排一些出來。▲▲

請──給分！ ♡♡♡♡♡

在一切失控以後，我們控肉。

小腹上那三層肉是你我所僅有。

材料

五花肉…1斤

大蒜…1顆
青蔥…2根
醬油…200ml
紹興酒…200ml（可用米酒替代）
水…600ml
糖…50g
白胡椒…1小匙
油蔥酥…2大匙

> 小腹是我們最忠實的朋友

步驟

1. 關於生活的諸多不可控，有時也只能垂頭俯首。頭一低，便看見那幾圈不離不棄的三層肉。
2. 將三層肉切成約10公分寬大小，2公分厚左右大小。
3. 熱鍋後，不倒油，置入上述肉塊煎至兩面微金黃焦香。
4. 放入砂糖與肉同炒至溶化，再置入蔥段及蒜頭一起拌炒。
5. 倒入醬油、紹興酒、水、油蔥酥及白胡椒粉後，以中火煮至滾沸。上蓋轉小火開始燉煮約1.5小時。
6. 待豬皮被煮到Q軟時即可關火服用。

請——給分！♡♡♡♡♡

▲▲日子裡充斥著各種混亂變動，唯有爐上這鍋控肉及小腹與你我常相左右。▲▲

覺得自己被榨乾咖哩

沒過勞猝死活下來的每天都是一種幸運（遠目）。

材料

豬絞肉…350g
牛絞肉…180g

洋蔥…1顆
紅蘿蔔…1/2段
蘋果…1顆
牛番茄…3顆（亦可以現成罐頭番茄糊取代）

蒜頭…3～5瓣
黑巧克力…20g（約2片）
咖哩粉…2大匙（可略）
咖哩塊…1/2盒
鹽巴…1大匙

眼神渙散

步驟

1. 好啦說什麼猝死暴斃是誇張了，這不過又是個理智線斷了幾回、額角青筋幾度欲離家出走，滑鼠差點被掐爆的尋常日子。
2. 把洋蔥、紅蘿蔔、蘋果、蒜頭全數切成小丁狀；菜刀剁在砧板時發出猶如寺廟木魚篤篤聲，就算是超渡今天死去的細胞們吧。
3. 牛番茄以調理機打成番茄汁；想哭的話可以好好利用這個區間，調理機轟隆隆的馬達運轉聲是一個很好的掩護。
4. 炒香洋蔥、蒜頭後，再置入紅蘿蔔與絞肉。
5. 加入咖哩粉以小火與上述食材共同拌炒增香。
6. 投入蘋果丁、番茄汁增加鍋內水分後，再投入咖哩塊與巧克力塊。
7. 攪拌至溶解後，以小火燉煮約10～15分鐘，確認鹹度合意後即可熄火服用。

▲▲作為被生活輾壓的受薪階級，自身抑或錢包被榨乾皆不足為奇，但吃乾咖哩時還是給自己加顆半生熟的雞蛋，同步滋潤口感與身心靈。▲▲
註：請注意使用雞蛋等級，不然會烙到不行。

請——給分！ ♡♡♡♡♡

填滿內心空洞之番茄鑲肉

掏空的番茄可以鑲肉，人被掏空只能是行屍走肉。

材料

牛番茄…4顆
絞肉…200g
培根…2片
蒜頭…3瓣
洋蔥…1/4顆
起司粉…2大匙
番茄醬…2大匙
鹽巴…1大匙
黑胡椒…適量
乳酪絲…適量

填好塞滿

步驟

1. 為何工作越多、心裡越空？我在想主因是薪水他X的沒有一起變多。
2. 切開牛番茄頂部，以湯匙深入挖出內部組織；挖出之內容物全數剁碎加入絞肉中，增加絞肉水分避免烤後口感乾澀。
3. 蒜頭、洋蔥、洋蔥及培根全數切成小丁，加入絞肉中攪拌至帶黏性。
4. 生活已經單調乏味，肉餡不能一起淪陷；請加入起司粉、番茄醬、鹽巴與黑胡椒調味。
5. 抽象的心理空虛問題，我們用具體的料理手法來處理；將肉餡逐一填好、塞滿至牛番茄中。
6. 烤箱預熱至攝氏200度後，置入烤箱烤約20分鐘。
7. 20分鐘後取出，頂部鋪上乳酪絲後再烤約5分鐘至融化呈金黃色即可取出服用。

▲▲生活若只剩吃飯睡覺跟工作，那只能叫過活；行屍走肉時作幾顆番茄鑲肉填補內心空洞。▲▲

請——給分！ ♡♡♡♡♡

來人啊肉呢？？？！快！！！（急）！

喊完自己走去全聯。

材料

牛排…1盒

馬鈴薯…1/2顆
紅蘿蔔…1/4段
櫛瓜…1/4段
洋蔥…1/4顆
義式綜合香料…適量
海鹽…適量
橄欖油…適量

可憐哪

步驟

1. 嘴上說要吃素救地球，但身體終究是誠實的：請給我肉謝謝。
2. 把肉兩面皆撒上香料及海鹽，再抹上橄欖油醃20分鐘，並等待肉退冰至常溫。
3. 務求確實熱鍋抹油後才放肉開煎。務求確實熱鍋抹油後才放肉開煎。務求確實熱鍋抹油後才放肉開煎（很重要講三遍）。
4. 如果有確實熱鍋，肉下鍋時耳朵應該要聽到那種滋滋作響使人高潮的聲音；不確定熱鍋是否完成，可放一小段洋蔥絲或蒜片測試。
5. 每面皆煎1分鐘至2分鐘再翻面；翻面後可將紅蘿蔔、馬鈴薯、櫛瓜、洋蔥這四位B咖一起下鍋齊煎（馬鈴薯及紅蘿蔔請先蒸熟再入鍋煎煮增香）。
6. 待牛排煎到你本人滿意的熟度時即可起鍋。
7. 起鍋後靜置約5至10分鐘，待肉汁回滲後即可享用。

▲▲最後記得給自己嗄一杯酒精性飲品、不管肉的等級好不好，還是不小心把肉煎得太老，都能有效提升整頓餐點的爽度。▲▲

請——給分！♡♡♡♡♡

黑啤牛 year

Happy 的關鍵在於黑啤酒要記得多買一瓶自用。

材料

全聯牛肋條…1盒

蒜頭…3瓣
洋蔥…1顆
馬鈴薯…2顆
紅蘿蔔…1/2根
牛番茄…1顆
黑啤酒…2罐（330ml）
黑胡椒、鹽巴…適量
月桂葉…數片
　★於全聯購入
李錦記甘甜滷醬油…2大匙

> 好想哖煩哖樂

步驟

1　牛肋條汆燙去血水後，切塊備用。
2　爆香蒜末、洋蔥塊後，加入牛肋條塊煎炒至上色。
3　加入已剁成塊狀的馬鈴薯、紅蘿蔔、牛番茄，倒入兩罐黑啤酒，開中大火煮滾。
4　等待的空檔把黑啤酒打開來爽喝；過去一年發生的各種靠杯代誌，就跟啤酒泡沫一起消失吧。
5　請記得該軟爛的是鍋裡的食材不是你自己，所以喝一瓶就可以了。
6　開蓋撈掉燉出的油跟浮沫，確認調味適中即可服用。

▲▲新的一年不必然會happy，在那樣的時刻要記得套房裡的小冰箱有一鍋黑啤燉牛肉在等著自己。▲▲

請──給分！♡♡♡♡♡

let it go

CHAPTER 2

海鮮料理篇

先別管什麼膽固醇跟痛風了。

CHAPTER 2

ㄅ一ㄤˋ、ㄅ一ㄤˋ！

看人家跳槽我眼紅咖哩

人家被挖角我只能撿角。

材料

白蝦…自行依薪資水平或當月存款餘額決定隻數；事先去除蝦腸並剪去觸鬚及蝦腳
邏依泰式紅咖哩漿…1罐
★於全聯購入

鳳梨罐頭…1罐
紫色洋蔥…1/2顆
青豆仁…1大匙
辣椒…1根
泰國檸檬葉…適量（可略，於印度香料店購入）
九層塔…適量

> 泰悲傷了

步驟

1. **看著同事接二連三另覓他處**，想走又不知該往哪走的我只能怪自己是個廢物。
2. 熱鍋倒油，炒香洋蔥塊時，同步釋放淚水。
3. 加入鳳梨片、青豆仁拌炒。
4. 倒入紅咖哩漿以及鳳梨罐頭汁液，煮至滾沸時，加入蝦子煮至變紅色蝦身蜷曲。
5. 起鍋前放入辣椒片、九層塔以及撕碎的檸檬葉添香即可服用。

▲▲與其眼紅忌妒同事另謀高就，不如告訴自己，他們也不過是換個地方當狗。
▲▲#心態正確

請――給分！ ♡♡♡♡♡

嗚嗚嗚烏魚子怎麼可以這麼好吃

好吃到哭出乃。

材料

烏魚子…1片（約四兩，永樂市場「簡永久號」購入）

高粱酒…50ml
青蒜1…根
白蘿蔔…1段

> 嗚嗚嗚

步驟

1. 掏錢買這烏魚子時，我已經先哭過一次了，因為這樣一片要650元嗚嗚。
2. 烏魚子免去膜（老闆說不用脫），兩面均勻沾附高粱酒。
3. 將高粱酒約50ml倒入可耐高溫容器後，請不要下意識把它乾掉；今天是要火烤烏魚子，不是看誰先喝到抓兔子。
4. Safety first，移除周遭易燃物，準備一盆水以備不時之需；內心默念房東金拍謝三遍後，操出點火器點火。
5. 以料理夾夾住烏魚子，開始炙烤。
6. 烤至烏魚子兩面均有起泡且外觀呈油亮光澤感即可住手，以免過熟口感欠佳烏魚蛋蛋死不瞑目。
7. 烤好的烏魚子靜置降溫後再切片，搭配蒜苗及生蘿蔔片即可服用。

▲▲是說現在很多烏魚子都做成隨身包一口裝是怎樣，這社會已經貧富差距大到有人可以把烏魚子當口香糖在嚼了是不是？▲▲

請──給分！ ♡♡♡♡♡

感恩 Seafood 讚嘆 Seafood 的雙鮮煲

生活欲振乏力時，Seafood 會為你加持帶來滿滿能量。

材料

大牡蠣…5顆
　★於新合發購入
大干貝…3顆
　★於好市多購入

青蒜苗…1根
蒜頭…3～5瓣
辣椒…1根
薑片…3～5片
李錦記甘甜滷醬油…50ml
水…50ml
米酒…50ml

偉哉 seafood

步驟

1. 冷凍大牡蠣及大干貝皆以隔水方式徹底退冰（約20分鐘）。
2. 熱鍋倒油爆香青蒜苗、蒜頭、辣椒以及薑片。
3. 倒入醬油、水以中大火煮至滾。
4. 醬汁滾後先置入大干貝，約一分鐘後再置入大牡蠣。
5. 置入大牡蠣後上蓋，再持滾約兩分鐘後即可加入米酒關火服用。

▲▲知名作家林立青曾經說「迷信，是因為現實人生一無可信。」尋求 seafood 慰藉的我何嘗不是如此；感恩 seafood！讚嘆 seafood！汪汪!!!▲▲

請——給分！ ♡♡♡♡♡

套房一秒變帝寶的煎大干貝佐松露醬

呃事實上把幾顆干貝放進嘴裡並不能真的消弭貧富差距。

材料

大干貝…數顆
　★於好市多購入

松露醬
　★於好市多購入
鹽巴…少許

殘酷です

步驟

1. 拿出讓套房一秒變帝寶的干貝徹底退冰解凍。
2. 少吃兩顆干貝並不會讓你存到買豪宅的錢；但亦毋須逞強吃它個十來顆，那真的會讓你沒有錢。
3. 以餐巾紙輕輕吸乾干貝的水分。
4. 確實熱鍋後倒油，油量偏多，開中大火。
5. 來賓，下!!!干!!!貝!!!
6. 此時它們會在鍋裡滋滋叫，叫得你全身茫酥酥。
7. 搖晃鍋柄，讓多餘的油反覆去煎干貝粉嫩小屁股。
8. 煎至喜愛熟度時，翻面續煎。
9. 兩面皆成焦黃色後起鍋、撒鹽、即可佐松露醬服用。

▲▲一種人一種命，狗狗住不起帝寶天經地義不需掩面啜泣；但務必讓自己天天吃飽、偶爾吃好；不然哪來的動力繼續出門汪汪叫？▲▲

請——給分！♡♡♡♡♡

希望主管要多吃含Omega 3的鮭魚

長話短說總鮭一句,腦殘補腦。

鮭腹火

材料

菲力鮭魚排…1片

小番茄…10顆
紫洋蔥…1/2顆
櫛瓜…1/2條
甜椒…1/2顆
大蒜…3瓣
義大利香料…適量
鹽巴…適量
橄欖油…3大匙
起司粉…少許

步驟

1. 被主管的白痴決策搞到沒懶趴都鮭懶趴火。
2. 怒切蔬菜;憤而拍蒜。
3. 將上述置入烤皿中,悲淋橄欖油、恨恨均勻攪拌。
4. 鮭魚用紙巾吸去表面水分後,撒上鹽巴、義大利香料以及起司粉,放入烤皿中間。
5. 烤箱預熱後,以怒火攝氏180度烤約30分鐘後即可出爐服用。

▲▲主管腦殘鮭腦殘,誰又真能視死如鮭大聲諫言?▲▲ #主管問有沒有其他看法我都很恁恬當縮頭烏鮭 #下班時間一到就鮭心似箭

請——給分! ♡♡♡♡♡

很閒的時候才能煮的絲瓜蛤蜊

不是每天都有那個性命等吐沙。

步驟（今天比較閒）

1. 蛤蜊泡鹽水吐沙約一小時。
2. 可以把盆子放在較暗安靜的角落，不要驚擾牠們，給牠們死前最後一點寧靜跟尊重。
3. 熱鍋倒少許油爆香薑絲，投入絲瓜切塊，轉小火，蓋上蓋子。
4. 這時你可以去旁邊吃個仙貝喝個茶，反正你今天比較閒。
5. 等到絲瓜們完全泡在自己的體液中時，投入已經吐好沙的蛤蜊。
6. 投入前記得沖洗蛤蜊們，請勿智障的把整盆有沙的鹽水倒進去絲瓜池謝謝。
7. 蛤蜊開口叫媽媽好燙時關火，撒上鹽巴調味後即可服用。

材料

蛤蜊…1包
　　★於全聯購入

絲瓜…1條
薑絲…適量
鹽巴…少許

▲▲一口蛤蜊一口絲瓜，滿嘴鮮甜讓我暫時忘了要開口叫汪汪。▲▲

吃人嘴軟絲
奶油醬油跟蒜頭

內心對主管各種不滿，但真要辭職又沒膽。

材料

軟絲…1隻
★於新合發購入

蒜頭…3瓣
奶油…20g
醬油…1大匙
錫箔紙…適量（呃這個不能吃）

步驟　拿人手短

1. 軟絲這種頭足類生物觸感雖然滑溜黏膩可怕，但可怕不過我那總是笑裡藏刀又擅於業務發包的主管。
2. 把軟（ㄓㄨˇ）絲（ㄍㄨㄢˇ）的頭拔掉，以料理剪刀去除眼睛、擠出龍珠（嘴巴）。
3. 抽出軟絲體內透明塑膠片，閉上眼睛深呼吸徒手拖出內臟們。
4. 將處理好的軟絲切圈，頭部的觸手們切成適當長度約3公分。
5. 軟絲、奶油、醬油跟蒜頭一同包入錫箔紙置入烤皿。
6. 以烤箱預熱至攝氏200度烤約15分鐘即可取出服用（溫度請依自家烤箱火力作調整）。

▲▲累到腿軟的日子只能靠這種快速烤箱料理；洩恨是其次，主要是少洗一個碗。▲▲

怒煎台灣鯛

那麼愛吵愛鬧我就煎得你滋滋叫。

材料

台灣鯛背肉…1片
　★於全聯購入

米酒…1大匙
白胡椒鹽…1小匙
鹽巴…1小匙
香油…1小匙
青蔥…1根
蒜瓣…3枚
辣椒…1根
太白粉…適量
地瓜粉…適量
胡椒鹽…適量

滋滋滋

步驟

1. 整片下去煎太便宜這鯛了。剮牠幾刀成魚塊。
2. 以米酒、白胡椒粉、香油抓醃約十分鐘；在傷口上撒鹽也是一定要的啦。
3. 已經浪費一天八小時的青春在四面八方各路牛鬼蛇神上了；別浪費醃製時間，速速將蒜頭、辣椒、青蔥切末。
4. 取出魚塊，拍上太白粉，裹上蛋液，再滾上地瓜粉靜置至返潮變色。
5. 熱鍋倒油，油量略多，放入魚塊開始半煎炸到牠滋滋叫不敢。
6. 「不敢啦!!!」
7. 魚塊兩面呈金黃時即取出。
8. 同鍋爆香蒜頭、辣椒、青蔥末再放回魚塊共同拌炒。
9. 撒上胡椒鹽調味後即可關火服用。

▲▲上工遇鯛民當如何解?緊抵雙唇不露出犬齒，真社畜也。▲▲

請——給分！♡♡♡♡♡

陪你一起喝啤酒蝦

邊緣人斜槓酒鬼限定菜色。

材料

草蝦或白蝦⋯由當月存款餘額決定隻數。

蒜頭⋯5瓣
薑⋯10g
青蔥⋯1支
紅辣椒⋯1支
啤酒⋯1罐
鹽巴、黑胡椒⋯適量

吼搭拉

步驟

1. 獨酌難免寂寞，但性格扭曲沒什麼朋友，遂與蝦共飲一杯酒。
2. 開喝前先以剪刀去除蝦蝦觸鬚，並以牙籤挑去沙腸。
3. 將蝦蝦淋上啤酒靜置10分鐘使之去腥。
4. 熱鍋倒油，爆香蒜片、薑片、蔥白段與辣椒。
5. 把蝦蝦加入上述一同翻炒至約七分熟。
6. 倒入100ml啤酒後上蓋以中大火滾煮約兩分鐘。
7. 開蓋確認蝦蝦們皆喝到臉色脹紅，身體呈蜷曲貌。
8. 加入鹽巴、黑胡椒調味，投入蔥綠段混合後即可關火服用。

▲▲人家說酒逢知己千杯少，但若無知己或是知己的肝不太好，就讓蝦蝦陪你喝到飽（啊是要喝多少）。▲▲

請——給分！ ♡♡♡♡♡

不會覺得嗆的哇沙米奶油乳酪燻鮭吐司

平常都被客戶嗆慣了。

材料

市售山葵醬…1條（約40g）
奶油乳酪…1盒（200g）
燻鮭魚…適量
　★於全聯購入
酸豆…少許
　★於全聯購入
紫洋蔥…1/4顆

沒在怕的

步驟

1. 目屎母湯吞腹內，趁著切洋蔥絲讓它釋放出來；切好的洋蔥絲泡冰開水降低辛辣感增加脆口度。
2. 被客戶嗆那是為了生活我不得不，但若被自己做的菜嗆到真的只能醜哭。
3. 把山葵醬全數加入奶油乳酪中攪拌均勻；請確認攪拌及盛裝器具清潔，以免喇好的醬到時長出一些除了芥末以外的綠色不明微生物。
4. 吐司以烤箱烤至喜愛酥度後取出，抹上前述製作的哇沙咪奶油乳酪醬。
5. 鋪上燻鮭魚、酸豆及紫洋蔥絲後即可服用。

▲▲頭幾年客戶吭吭叫的時候本犬還會沉不住氣想說：「不嗆回去你當我是你細漢逆??!!」現在已經完全被制約，狗臉總是一團和氣，「是是是，一定盡力配合，馬上改進（搖尾巴）。」▲▲

請——給分！ ♡♡♡♡♡

想對自己豎起大拇指的炸牡蠣

若房東發現應該只想對我比中指。

材料

廣島大牡蠣…依當月存款決定顆數
　★於新合發購入

麵包粉…適量
低筋麵粉…適量
雞蛋…1顆
沙拉油…依鍋子高度決定油量；能淹過牡蠣即可。

> 房東拍謝

步驟

1. 這世上的事大抵是一體兩面，而我通常只看我想看的那一面（咦？）。
2. 冷凍大牡蠣裝進袋子裡隔水退冰約20～30分鐘。
3. 牡蠣們完成退冰後取出，分別在①麵粉、②蛋液、③麵包粉打滾一圈；滾完麵包粉後可稍作輕壓使之固定。
4. 上述順序切勿假會任意更動，否則牡蠣們被炸失敗會死不瞑目。
5. 熱油完畢後（可投入少許麵包粉測試，若迅速起泡則完成熱鍋），置入裹好粉的牡蠣們以大火開炸。
6. 炸至外皮金黃酥脆時即可取出，佐塔塔醬（請參考p.116讓人流淚的不是洋蔥圈該篇）及高麗菜絲服用。

請——給分！♡♡♡♡♡

▲▲看到這樣一盤金黃噴香的酥炸牡蠣，房東會不會就此收起他的中指，告訴我——「你就住到下個月為止。」▲▲

如果可以吃補 誰想要吃苦的藥膳蝦

又不是頭殼壞去。

材料

蝦子…半斤 300g

燒酒蝦藥膳包…1包
　★於中藥行購入
水…可淹過中藥材的水量
紹興酒…100ml
鹽巴…適量

裝肖A

步驟

1　自己的身體自己補，因為主管只會讓你吃苦當作吃補。
2　中藥材全數用水快速沖洗去除灰塵。
3　倒入可淹過中藥材的水量開始以中小火滾煮約30分鐘。棗類可先捏破讓藥性更容易釋放。
4　利用滾煮中藥材的時間去除蝦腸、剪去蝦鬚以及蝦嘴尖銳處。
5　置入蝦子至全數變紅色蜷曲貌，關火前倒入紹興酒。可稍作滾煮只留酒香不留酒精。
6　加入鹽巴調味後即可服用。

▲▲作為人稱草莓族的七年級生，我只想說：嗯我不想吃苦謝謝。▲▲

請——給分！ ♡♡♡♡♡

午餐會議
讓人食不知味噌烤魚

會議上的便當多豪華都沒有太大意義，但訂到難吃的根本值得下地獄。

材料

大比目魚（鱈魚）切片…2片
十全袋裝味噌…140g
米酒…1大匙
味醂…1大匙
鹽巴…1小匙

go to hell

步驟

1. 會上那粒便當的主菜不管是油雞、叉燒還是烤鴨，之於我都味如嚼蠟；揮之不去的是嘴裡的油膩跟心裡的阿雜。
2. 依照往例在主管幹話連篇的時候決定菜色，味道濃郁又不失清爽的味噌烤魚就決定是你了!!!
3. 比目魚片解凍後，用紙巾吸乾水分後兩面均勻抹上鹽巴靜置約半小時。
4. 混合味噌、米酒及味醂作為醃料。
5. 再次擦去魚身滲出水分後，兩面抹上醃料後置入冰箱進行醃漬1天。
6. 隔日醃漬完成後取出，以刮刀刮除魚身多餘味噌醃料避免烤焦。
7. 烤箱預熱至攝氏210度後，烤約15～20分鐘即可服用（請依自家烤箱火力進行調整時間）。

▲▲天下沒有白吃的午餐，主管請的一粒鳥便當摧毀的不會只有當日午休，往往還買斷了未知但必然可觀的加班時數，做為狗狗只能汪汪，由不得你說不。▲▲

請──給分！ ♡♡♡♡♡

同間公司待好幾年 還是覺得水土不胡椒蝦

一踏入大門就一陣心悸暈眩（扶額）。

材料

泰國蝦…1斤
薑片…20g
蒜頭…3瓣
米酒…150ml
阿順師胡椒粉
　★於全聯購入
蔥花…可略

不酥胡

步驟

1. 有時候我甚至懷疑自己是不是被蝦咪拍咪啊煞到，不然怎麼人一到辦公室就不時頭痛胸悶肩沉？
2. 好不容易週五惹，來煮個吃完會酥酥胡胡椒蝦。
3. 以料理剪從蝦蝦眼睛後方下刀剪去蝦頭，取出黑色蝦囊；再從頭部與身體接縫插入剪刀開背，以牙籤拉出沙腸。蝦腳全數修剪。
4. 熱鍋倒油爆香蒜末、薑片。
5. 加入蝦蝦們同炒至略變色。
6. 加入胡椒粉與米酒，以中大火滾煮至鍋內水分逐漸收乾。
7. 根據阿順師包裝指示，雖然聽起來很荒唐，但此時需取出吹風機開始猛吹加速醬料收乾過程，以免炒太久蝦肉老化。
8. 平常在公司也奴慣了，即便對此心存疑竇我還是操出吹風機站在爐前吹他一陣。
9. 待粉料完全沾附於蝦身，即可服用。

▲▲就先別蝦想究竟是水土不服、主管不令人信服還是薪資無法讓生活舒服（上週住處馬桶還壞了兩次幹），週五晚上能有一鍋胡椒蝦至少算是有口福了。▲▲

請――給分！ ♡♡♡♡♡

CHAPTER 3

蔬菜菇菇料理篇

來賓掌聲歡迎

便！祕！救！星！！！

迎向順暢人生

CHAPTER 3

一切都是幻覺的 魚香茄子

明明沒有魚卻**有魚香**的茄子；明明有去上班卻**沒有存款**的我。

材料

茄子…1條
全聯豬絞肉（粗）…1盒

青蔥…1根
蒜頭…3～5瓣
薑片…2片
辣豆瓣醬…2大匙
李錦記甘甜滷醬油…1大匙
米酒…1大匙
烏醋…1小匙
水…100ml
油…適量
太白粉水…2大匙（粉：水＝1：2）

> 嚇不倒我的

步驟

1. 茄子切段後再對剖，紫色面朝上擺放於盤中，均勻刷油後置入電鍋，外鍋1杯水，約15分鐘後取出。不在意茄子們臉色發黑的人可忽略此步驟。
2. 熱鍋倒油，投入豬絞肉拌炒至熟。
3. 置入薑末、蒜末、蔥白跟樓上的豬肉一起翻炒。
4. 加入辣豆瓣醬炒至醬香出，再加入米酒、醬油、水、烏醋煮至滾。
5. 加入茄子一起滾煮至茄子軟爛，倒入太白粉水勾芡並撒上假掰的蔥花即可服用。

▲▲金剛經有云，「一切有為法，人生如夢幻泡影，如露亦如電。」榮華富貴有車有房什麼的都是幻覺，嚇不倒我的！！！好好吃上一餐明天出門上班才是真實的人生，汪汪！！！▲▲

請──給分！ ♡♡♡♡♡

櫛對不花你五分鐘的櫛瓜沙拉

櫛果擺盤就擺了十分鐘。

材料

櫛瓜…1條

橄欖油、鹽巴、義式香料…適量

櫛出菜色

步驟

1. 儘管花了十五分鐘，但整體而言這道菜在櫛得疲勞的日子還是值得一作。
2. 洗淨櫛瓜後，以削皮刀削成長條薄片。
3. 快削到手的時候請果斷放下手上的刀，勿強求削完整條瓜。
4. 強摘的瓜不甜，強削的瓜手會噴血。
5. 撒上鹽巴、橄欖油以及義式香料調味後拌勻。
6. 再花十分鐘假掰擺盤營造立體空間美感後即可服用。

▲▲步驟6不可略，那是生活之所以為生活、而不僅僅是餬口的關鍵。▲▲

請——給分！ ♡♡♡♡♡

在開演唱會的薑汁番茄

喜歡這味的朋友舉個手好嗎～～～

材料

黑柿番茄…2顆
　★於全聯購入

醬油膏…2大匙（推薦「東成調味味露」pchome及momo購物網皆可購入）
甘草粉…1/2小匙（中藥行可購入，買個20塊錢就夠用）
砂糖…1小匙
薑末…適量

秒殺完售

步驟

1　番茄切塊，醬料確實混和均勻即可服用。

▲▲第一次聽到這種吃法的朋友請敞開胸懷先別急著喊矮額give it a try；懂這味的朋友把你高舉的手手放下，叉起番茄爽搵醬料一塊又一塊！！！）▲▲
#這輩子開不了演唱會因為我只會吠

請——給分！♡♡♡♡♡

好主管要像一盤培根炒高麗菜

作決策跟高麗菜一樣乾脆爽快；獎金數字像培根油油香香。

材料

高麗菜…1/4顆

培根…2條
蒜瓣…3～5瓣
青蔥…1根
辣椒…1根（可略）
鹽巴…適量

> 好主管像日製壓縮機一樣稀少

步驟

1. 蒜切片，青蔥切段，培根切片，高麗菜剝成易入口大小。
2. 不倒油，開小火煎培根，慢煎到出油且帶有焦色酥脆貌。
3. 培根乃加工肉品，高油高鹽不宜多吃但實在有夠好吃，一盤清炒高麗菜有了它可謂色香味全面提升；就如同獎金一樣，是毒藥還是解藥就留給眾社畜們自由心證。
4. 置入蒜片及蔥白段爆香後，放入高麗菜葉開大火快速翻炒；切記不可跟白癡主管一樣嘰嘰歪歪躊躇半天，導致高（ㄒㄧㄚˋ）麗（ㄕㄨˇ）菜（ㄒㄧㄣ）被（ㄌㄧˋ）炒（ㄏㄣˋ）到（ㄉㄨˋ）溼（ㄉㄢˋ）爛。
5. 最後加入蔥綠以及辣椒圈攪拌一下，再撒上鹽巴調味即可服用。

▲▲話說回來不管主管是否風格明快，又或是年終數字好不好看，明天的你我都要出門上班。▲▲

請——給分！♡♡♡♡♡

印度風烤白花椰菜
吃完會在房間尬寶萊塢舞蹈的

▼ 雙手合十頸部快速左右橫移。

材料

白花椰菜…1朵
櫛瓜…1/2條
紫洋蔥…1/4顆
紅蘿蔔…1/4條
S&B 咖哩粉…適量
鹽巴…適量
橄欖油…3大匙
香菜…適量

Namaste

步驟

1. 準備大容器，將白花椰菜置入以流水沖洗約10分鐘。
2. 出水量不用大，但容器切勿擋住水槽排水孔。
3. 猶記得某次自以為時間管理大師想說用這個10分鐘空檔去頂樓收衣服，但因為容器堵住排水孔後來跪在地上花了三倍時間在處理淹水。
4. 花椰菜沖洗完畢後，切小塊。遇到菜蟲時保持冷靜，想想自己在外面打滾這幾年什麼噁心嘴臉沒看過，區區幾隻肥菜蟲以刀尖挑掉便是；最後以削皮刀去除外層較老的梗皮。
5. 洋蔥，櫛瓜，紅蘿蔔切塊，和處理好的白花椰菜一起入烤皿。
6. 依序撒上咖哩粉，橄欖油，鹽巴攪拌調味；烤箱以攝氏220度預熱後烤約半小時，紅蘿蔔如果軟了的話其他食材應該也熟了。
7. 移出烤箱後，拌入香菜末即可服用。

▲▲不管是濕婆還是象神，只要保佑我每天順順上工不再虛累累（台），我都願意誠心誠意的說一聲 namaste（跪）。▲▲
#整本吠陀經只看懂第一個字　#汪汪（吠）

請——給分！ ♡♡♡♡♡

每當主管叫我時就會內心發涼菜盤

人家怕。

材料 ♥剉

茄子…1根
四季豆…1/2包
玉米筍…1/2盒
超商冰塊…1包
開水…適量
鹽巴…1小匙
美奶滋…適量

步驟

1. 洗淨所有蔬菜。
2. 起一鍋滾水，下1小匙鹽巴。
3. 四季豆與玉米筍在滾水中汆燙約3分鐘即可撈起泡冰水。
4. 茄子切大段，汆燙時以鍋鏟或是蒸盤完全下壓至水面以下，避免與空氣接觸發生氧化無法固色。
5. 茄子汆燙約5分鐘後，撈起泡冰水。
6. 以上食材完成冰鎮後即可佐美奶滋或是個人喜愛醬料服用。

▲▲被主管喊到名字內心會發涼，太久沒被叫到又怕自己被邊緣化，作狗真難。▲▲

冷冷冷抖抖抖

沙拉加～～～冷筍

小便偶爾也會加冷筍。

步驟

1. 竹筍不剝殼沖洗乾淨。
2. 取一大鍋子，裝淹過綠竹筍的水。
3. 置入電鍋，外鍋兩杯水開始蒸煮至電鍋開關閥跳起。
4. 取出竹筍泡冰水至冷卻後，幫竹筍脫殼。
5. 切滾刀塊，佐沙拉醬即可服用。

材料

烏殼綠竹筍…2根

沙拉醬…適量

♥ 抖

▲▲加冷筍這種自然人體反應對社畜來說並不陌生，除了小便以外，舉凡辦公桌分機響起時、工作LINE群組叮咚時、主管召喚時，都會加冷筍抖上他個幾下。▲▲

炒水蓮還是你的工時長？

我只知道社畜的狗命可能比較短。

材料

水蓮…1包
　★於家樂福購入

乾香菇…2朵
香菇水…1碗
蒜頭…2～3瓣
辣椒…1根
鹽巴…適量
油…1匙

> 好狗不長命

步驟

1. 蒜頭、辣椒切片；乾香菇泡水軟化後徹底擰乾後切片，香菇水勿倒掉。
2. 把很長的水蓮從袋子拉出來，去除蒂頭後清洗切段，每段約5公分左右。
3. 熱鍋倒油爆香蒜頭辣椒跟香菇，倒入香菇水，加入水蓮段以大火拌炒約30秒即可關火撒鹽調味後服用。
4. 長度不是重點，脆度才是關鍵，請不要炒到水蓮們跟你一樣疲軟貌。

▲▲上班日總是度日如年，漫長難熬；但轉眼間社畜人生也就快走到終場…欸…是中場…；眾犬們切記待辦清單再長都沒有命長來得要緊，汪汪。▲▲

請——給分！ ♡♡♡♡♡

簡報作到飛蚊症時來點椒麻花生紅蘿蔔絲

追劇追到睫狀肌緊張也可以加減吃。

材料

紅蘿蔔⋯1根

萬能醋
　★於好市多可購入
S&B 四川風辣油
　★於全聯購入
花生粉⋯適量
香菜⋯適量
鹽巴⋯紅蘿蔔重量的3%

狗眼不能瞎

步驟

1. 洗淨紅蘿蔔削皮切絲。
2. 切到喪失耐性越切越大條乃是正常發揮，無須掛意。
3. 切好的紅蘿蔔絲裝入袋子並加入鹽巴搖晃均勻，靜置20～30分鐘等待出水。
4. 這個空檔可以戴上蒸氣熱敷眼罩，聽一下喜愛的podcast。
5. 倒掉紅蘿蔔體液；撒鹽時如果手殘下太多的話，也可在這時用開水沖洗蘿蔔絲亡羊補牢一下。
6. 備妥乾淨容器，置入脫水完畢的紅蘿蔔絲，倒入可醃過它們的萬能醋。
7. 加入花生粉、椒麻辣油、香菜末攪拌均勻後，放進冰箱一個晚上後即可服用。

▲▲眼睛是我們的靈魂之窗，上班時已經沒靈魂總不好又脫窗，請適時注意眼部保健。▲▲

請──給分！ ♡♡♡♡♡

每次主管說我們像一家人時就會想吃蜂蜜梅漬番茄

感到噁心時來點酸甜食物止吐。

材料

聖運小番茄⋯1盒（純粹想說我不是聖女也不是玉女但需要一點好運，其實各品種都可以。）

★於全聯購入

話梅⋯約20顆。
從公司用保溫瓶裝回家的熱水⋯500ml
蜂蜜⋯適量

> 你敢講我不敢聽

步驟

1. 將話梅泡入從公司裝回來的熱開水裡，攪拌後置涼；梅汁製作完成。
2. 小番茄去除蒂頭，清洗乾淨後，拿刀子輕輕在它們身上劃一刀。
3. 請勿下手太重，以免等等它們在沸水裡肚破腸流，增加打撈作業難度。
4. 起一鍋滾水，將有輕微割傷的小番茄置入，約十來秒後快速撈出泡入冰開水中。透過這三溫暖的過程，讓小番茄稍微呈現皮開肉綻貌，便於移除外皮。
5. 把已經被脫光光的小番茄們放入乾淨的保鮮盒容器中，淋上梅汁跟蜂蜜，放入冰箱靜待1至2天即可服用。

▲▲主管八成跟他的家庭成員關係相當疏離，否則怎麼連員工跟他是一家人這種話都說得出來。講真的，與其在那邊溫情喊話讓我噁心，不如多發一點獎金。▲▲

請——給分！ ♡♡♡♡♡

讓人哭爹喊娘的蒜香培根奶油玉米粒

媽啊不誇張真的香到靠杯。

材料

培根…1條
綠巨人玉米罐頭…1罐（198g）

蒜頭…3瓣
奶油…20g～30g（依個人羞恥心多寡酌量添加）
黑胡椒、鹽巴…適量

媽啊超香

步驟

1. 蒜切末，培根切丁，跟奶油以及玉米粒一起裝入烤皿。
2. 烤箱預熱至攝氏200度後烤15分鐘，待奶油融化、培根烤熟整間套房香到你叫爸媽的時候即可取出服用。

▲▲南部年邁雙親表示：＿＿＿＿。▲▲
#狗嘴吐不出象牙

請——給分！ ♡♡♡♡♡

轉職三部曲之 三杯米血杏鮑菇

靠杯、乾杯、擲筊杯。

材料

北港QQ米血…300g
　★於家樂福購入
杏鮑菇…4根

九層塔…1大把
蒜頭…5瓣
薑約…30g
紅辣椒…1根
醬油與醬油膏各…1大匙
冰糖…1小匙
麻油…1大匙
米酒…1大匙

請許我聖杯

步驟

1. 這道菜前置作業頗長，但可以藉此冷卻一下想丟辭呈的衝動。
2. 拍蒜、薑與辣椒切片、九層塔取葉去梗、米血切塊、杏鮑菇切滾刀塊。
3. 熱鍋倒油，爆香蒜與薑。下米血塊煎至表面微焦後，杏鮑菇塊一起下鍋。
4. 加入冰糖、醬油與醬油膏炒至食材上色。
5. 加入米酒跟麻油上鍋蓋燜煮至食材熟軟。
6. 開蓋轉大火待收汁後，加入九層塔跟紅辣椒片攪拌均勻即可關火服用。

▲▲關於三杯料理的三杯是哪三杯，你也許一知半解；但主管靠杯、下班鬱卒要乾杯、下一步何去何從要問神擲筊杯，這三杯社畜一定有理解。▲▲

請──給分！♡♡♡♡♡

醉翁之意不在酒的炒青椒

人家只想吃牛肉。

材料

青椒…2顆
美國無骨牛小排…1盒

洋蔥…1/8顆
紅辣椒…2根
蒜頭…2瓣
醬油…1大匙
醬油膏…1大匙
米酒…1大匙
鹽巴…適量
（上述不含醃料）

> 哞肉哞意思

步驟

1. 牛肉切條狀，以醃肉三兄弟醬油、米酒、太白粉各1大匙抓醃。
2. 青椒、洋蔥、辣椒切絲；蒜頭切末。
3. 熱鍋倒油，爆香蒜末後，先下牛肉煎炒至上色後即先起鍋。
4. 免洗鍋，開中大火翻炒青椒、洋蔥、紅辣椒絲；再加入剛剛的牛肉及醬油與醬油膏快速翻炒，關火前由鍋邊嗆入米酒即可起鍋服用。

▲▲只想吃牛肉那何必硬要下青椒？年過三十總不好老是喝酒吃肉、經常性便祕躲在公司廁所當薪水小偷；再說青椒那天剛好有折扣，不買起來我會難過。▲▲

請——給分！ ♡♡♡♡♡

魯蛇版巴薩米克醋炒菇

巴薩米克醋價格高低懸殊；魯蛇我買了一罐200塊不到的。

材料

鴻喜菇…1包
雪白菇…1包
霜降黑蠔菇…1包
蒜頭…5瓣
義大利綜合香料…適量
橄欖油…適量
鹽巴…2小匙
巴薩米克醋…1大匙
★於全聯購入

我就魯

步驟

1. 就算哭也不能改變自己魯的事實，不如來炒菇。
2. 熱鍋倒橄欖油，炒香蒜末。
3. 切除菇菇們的根部後，分成數小株置入鍋中以中大火翻炒。
4. 菇菇們由生轉熟後，下鹽巴及義大利香料調味。
5. 起鍋前淋上紅酒醋，快速翻炒均勻後即可起鍋服用。

▲▲吃著吃著，我幾乎難以確定是這醋在酸，還是我的心酸。▲▲

請──給分！ ♡♡♡♡♡

人客你這樣一直炒一直蘆筍失的是你的尊嚴

我沒差啦我的尊嚴早就沒了。

材料

蘆筍…10根
鮮香菇…3朵
蒜瓣…3瓣
辣椒…1根
鹽巴…適量
太白粉水（可略）

有夠蘆

步驟

1. 蘆筍以削皮刀削去後半段較粗的外皮纖維，香菇、蒜頭、辣椒均切片。
2. 雖說尊嚴早在入行的前三個月就不復存在了，但不可諱言內心多少還是會有點悲桑想菇。
3. 老師，香菇請下（BGM：世界末日 by 周杰倫）。
4. 熱鍋後，香菇先乾煸至香味出，再倒油爆香蒜片及辣椒片（怕辣可以最後下）。
5. 蘆筍下鍋與食材翻炒均勻後，倒入約半碗水上蓋燜煮約5分鐘。
6. 起鍋前可倒入少許太白粉水勾薄芡，最後加入鹽巴調味即可起鍋服用。

▲▲蘆果有財富自由不用再去公司當狗的那天，我想跟我的尊嚴說一聲嗨，好久不見。▲▲

請——給分！ ♡♡♡♡♡

好想跟奶汁白菜一樣軟爛

我就廢。

材料

大白菜…1/2顆
洋蔥…1/2顆
紅蘿蔔…1/2根
玉米罐頭…1罐
火腿…3片
蒜頭…3～5瓣
牛頭牌雞高湯…300ml
牛奶…200ml
奶油…30g
低筋麵粉…50g
鹽巴…1小匙
黑胡椒…適量

軟廢爛

步驟

1. 關於今世不上班在家軟爛的心願是不會實現了,能軟爛的只有這鍋奶汁白菜。
2. 鍋中置入奶油,開小火待奶油融化後,倒入麵粉持續翻炒。
3. 炒至無粉狀後,分次倒入牛奶與雞高湯,以小火攪拌滾煮濃稠狀;白醬完成。
4. 另取一大鍋,熱鍋倒油,翻炒白菜以外的食材(均切成丁末狀)至香氣出。
5. 加入白菜切塊後,蓋上鍋蓋中小火燜煮。無須額外加水;白菜們會自行分泌大量體液。
6. 待所有食材都滾沸至軟爛後,加入一開始製作的白醬攪拌均勻。
7. 加入鹽巴調味,撒上黑胡椒即可服用。亦可撒上乳酪絲烤至表面焦黃為焗白菜。

▲▲星期天的夜晚,我想對明天的自己說:「不用加油也沒關係,因為加了油妳的薪水也不會變多。」▲▲

請──給分!♡♡♡♡♡

涼拌系列之 我對一切都感到麻木耳

但臉上為什麼還是掛著笑容。

材料

黑木耳…200g

辣椒…2根
花椒粉…1小匙
S&B椒麻辣油…1小匙
蒜頭…5瓣
萬能醋…可淹過食材的份量

> 笑著笑著就哭了

步驟

1. 那些過往聽見絕對會忿忿不平的話語，在當狗這麼多年後的現在，也不過就是振動耳膜，穿越了耳道，內心已感到木然。
2. 起一鍋熱水汆燙洗淨的黑木耳，水滾即撈起。
3. 可將燙好的黑木耳置入冰開水降溫並保持爽脆口感。
4. 取一乾淨容器，置入蒜末、辣椒片、所有調味料和黑木耳。
5. 冰鎮半日醃漬入味後即可服用。

▲▲如果你看見我的眼眶泛淚，那絕對是這木耳的酸辣滋味衝擊了我的淚腺，而不是我對那些辦公室裡的荒謬滑稽還有感覺。▲▲

請——給分！♡♡♡♡♡

主管的臉烏雲密布拉塔起司生菜沙拉

事實上就算他一臉晴空萬里對你的薪情也沒太大助益。

材料

全聯綜合生菜⋯1包
布拉塔起司⋯1顆
　★於「慢慢弄乳酪坊」購入
油漬烤番茄或新鮮小番茄⋯10顆
Synder's蝴蝶餅⋯適量
油醋醬⋯適量（巴薩米克醋：橄欖油＝1：3）
鹽巴、黑胡椒⋯適量（加入油醋醬）

Burrata Cheese

步驟

1. 主管心情或陰或晴，到了辦公室的你則是一概低迷。
2. 用自來水清洗生菜後，記得用冷開水作最後沖洗，再以餐巾紙吸乾葉菜水分。
3. 將葉菜撕成易入口大小，擺上對半切的小番茄並撒上蝴蝶脆餅。
4. 將布拉塔起司至於菜盤中央，淋上油醋醬後即可服用。

▲▲不吃這球兩百塊的起司，存款也只是多兩百塊而已，不要想太多就嗑啦，好心情無價。▲▲

請——給分！ ♡♡♡♡♡

體重櫛櫛攀升時請務必試試烤櫛瓜

溫馨小提示：但不能是以下這種沒櫛操烤法。

材料

櫛瓜…3條

橄欖油…50ml
鹽巴…1小匙
小磨坊香蒜黑胡椒粉…2大匙
帕馬森乳酪絲…50g
　★於家樂福購入
麵包粉…50g

櫛對不會瘦

步驟

1　內心糾櫛一陣終究沒辦法把櫛瓜僅僅撒個鹽、黑胡椒然後淋個橄欖油就推進爐去烤。

2　這麼櫛制的料理手法有違本人平素料理風格，不予採用。

3　取一容器盛入橄欖油，將切好的櫛瓜厚片放進去均勻沾附。

4　另取一容器置入麵包粉、鹽巴、香蒜黑胡椒粒、帕瑪森乳酪絲攪拌均勻。讓油滋滋的櫛瓜厚片在裏頭恣意翻滾。

5　可以湯匙輕壓讓粉類固定於表面。烤箱以攝氏200度預熱，烤至起司表面與麵包粉呈金黃後（約20分鐘，依自家烤箱火力調整）即可出爐趁熱服用。

▲▲已逝前裕隆集團董事長嚴凱泰曾說「如果你連吃都不能控制，那你還能控制什麼呢？」貧民百姓我只想控制自己每日攝入足夠熱量以對付生活大小不等、程度不一的各種失控。▲▲
至於櫛櫛攀升的體重，褲子M號穿不下可以改穿L。

請──給分！♡♡♡♡♡

對抗通膨 請投資黃金泡菜

說起來錢變薄這件事也不用過分擔心啦，因為**本來也沒存多少錢**。

材料

大白菜…1顆（約1000g）
鹽巴…50g（白菜重量的5%）
紅蘿蔔…200g
M號蘋果…1顆
甜酒豆腐乳…5塊
★於全聯購入
蒜頭…10瓣
萬能醋…100ml
★於好市多購入
香油…3大匙

激省抗漲

步驟

1. 想說本金也不足以投資多少黃金，本人決定投資一盆黃金泡菜至少可以吃上他兩個禮拜。
2. 大白菜切成小塊置入大袋子或容器，加入鹽巴後大力搖動袋子或容器，使鹽分均勻沾附。靜置1小時待出水。
3. 大白菜上的小黑點對食用安全並無危害，請不要一看到黑點就開槍把葉菜丟掉浪費，畢竟現在白菜一顆也是貴貴的OK？
4. 等待大白菜出水的時間製作醃漬醬汁。將紅蘿蔔、蘋果、蒜頭、豆腐乳、萬能醋及香油投入果汁機或調理機當中，打成醬汁備用。
5. 去除大白菜在過去一小時中分泌的體液後，可用飲用水再沖過一次較安心。畢竟小老百姓沒什麼生病的本錢，請病假不但要噴掛號費還會被扣薪水，回辦公室還要把落後的工作進度補齊作到想吐血。
6. 大白菜盡量壓除水分後，準備乾淨容器，將醬汁跟白菜混合，放入冰箱冷藏至少一天，待入味後即可服用。

▲▲在這個萬物皆漲的時期，即便薪水有漲也等於沒漲。如果薪水沒漲，至少冰箱還有一盆黃金泡菜陪淚眼汪汪的你渡過悲傷。▲▲

請——給分！ ♡♡♡♡♡

CHAPTER 4

蛋類豆腐料理篇

雞蛋與豆腐就是蛋白質界的 badass！

CHAPTER 4

啊噠～～

開口招了的蛤蠣蒸蛋

務必先泡鹽水讓牠們嘴軟。

材料

雞蛋…4顆

蛤蠣高湯…200ml
和風醬油…50ml
全聯蛤蠣…1包
蔥花…適量

我全招了

步驟

1. 先讓蛤蜊們在鹽水中面盆思過約1小時，等牠們嘴軟吐沙。
2. 清洗蛤蜊後，將牠們置入200ml滾水中，等牠們開口求饒喊大人我招我招我全都招。
3. 請勿智障的把這200ml蛤蜊精華液倒掉謝謝。
4. 打蛋於大碗中，倒入已置涼的蛤蜊精華液與和風醬油，攪拌均勻。
5. 蛋液中放入已將鮮美全盤托出的蛤蜊；整碗進入電鍋關禁閉約30分鐘（外鍋約放1.5杯水）。
6. 電鍋開關閥跳起時，即可服用。

▲▲蛤蜊因鮮美而慘遭酷刑逼供；然而我是為什麼被工作虐待?! 難道說是我長得太可愛?!▲▲

追求表面效度的假掰朋友only：①整碗進電鍋前，可扣上一個平盤或包上錫箔紙，避免電鍋蓋蒸氣凝結成的水毀了蒸蛋表面。②電鍋蓋與電鍋間卡一支筷子，以免火力太強，蒸蛋變蜂巢咪咪帽帽。③不在乎上述的朋友可以用這個時間去給自己倒酒。

請——給分！♡♡♡♡♡

想來個羅馬假期結果只能回家煎他個義式番茄起司蛋

能在職場各種磨難存活下來的你我都是社畜界的神鬼戰士。

材料

雞蛋⋯3顆

小番茄⋯5顆
紫洋蔥丁⋯少許
青椒丁⋯少許
乳酪絲⋯1大把
鹽巴、義式香料⋯適量

義起活下來

步驟

1. 蛋液以鹽巴跟義式香料調味。
2. 我還有加一些過期起司粉。
3. 熱鍋倒油,開中小火下蛋液。
4. 以筷子攪動蛋液,至七八分熟時,擺放對半切的番茄、洋蔥跟青椒丁。
5. 撒上乳酪絲後,入烤箱以攝氏180度烤至乳酪絲融化微上色即可服用。

▲▲職場如競技場,而我常常死得很慘,汪汪。▲▲

請——給分! ♡♡♡♡♡

大叔魂爆發の涼拌毛豆

放大叔出來，今夜讓他啃個夠。

材料

新鮮毛豆…半斤（300g）

蒜瓣…5瓣
紅辣椒…1根
八角…4顆
鹽巴…1小匙
黑胡椒與白胡椒…適量
香油…1大匙
冰塊…適量

大叔系女子

步驟

1. 以下是解放大叔之前要完成的幾件事。
2. 清洗毛豆後，以料理剪刀去除蒂頭跟尾巴。
3. 起一鍋滾水，裡面加1小匙鹽巴跟2顆八角。
4. 將毛豆置入滾水煮5分鐘左右。
5. 撈起後置入冰開水冰鎮以保持翠綠。
6. 加入蒜末、辣椒圈、八角以及調味料攪拌均勻，放入冰箱冰上一晚以求入味。

▲▲服用標準動作：①換上寬鬆四角褲。②一口毛豆、一口必魯。③腳翹起來就好，別抖，聽說會窮。▲▲

請——給分！ ♡♡♡♡♡

助你早日奔向財務自由的茶葉蛋

自己會做的話一天可以多存十塊（噴乾冰）。

材料

雞蛋…10顆

醬油…50ml
冰糖…1大匙
米酒…1小匙
鹽巴…1小匙
茶葉蛋滷包…1包
　★於全聯購入
紅茶茶包…3袋
水…適量

存十年可買一個塔位

步驟

1　將蛋蛋們置入鍋中，倒入可覆蓋過蛋頭們的水，開中大火煮滾。
2　水滾後轉小火再持滾15分鐘，關火置涼。
3　以鐵湯匙敲打蛋蛋的屁屁（鈍面），至蛋殼微龜裂。
4　將雞蛋、冰糖、醬油、鹽巴、米酒、滷包、茶包置入鍋中，再倒入可覆蓋過雞蛋的水量。
5　上蓋以中小火滾煮20分鐘後關火，燜泡20分鐘；滷燜交錯，茶葉蛋才不會硬得像鐵蛋。上述步驟進行兩次即可服用。

▲▲有人說「人生就像茶葉蛋，有裂痕才入味。」如果可以不用出門賺錢付房租帳單，不用三不五時在超商解決三餐，不用被這現實生活蹂躪摧殘，是有誰會想變成一顆滿是裂痕的茶葉蛋？▲▲

請——給分！ ♡♡♡♡♡

加班加到麻痺時來點麻婆豆腐

用香辣衝擊味蕾、刺激靈魂。

材料

- 法國大豆水豆腐⋯1 盒
  - ★於全聯購入
- 豬絞肉⋯1 盒
- 蒜頭⋯3～5 瓣
- 薑切片⋯2 片
- 青蔥⋯2 根
- 辣椒⋯2 根
- 豆瓣醬⋯2 大匙
- 李錦記甘甜滷醬油⋯2 大匙
- 水⋯150ml
- 花椒粉⋯2 小匙
- 太白粉水⋯水 2 大匙：太白粉 1 匙

香辣嗆

步驟

1. 少自欺欺人了，味蕾是還健在，但靈魂早就沒了。
2. 倒入豆瓣醬翻炒至香氣出後，絞肉也一同入鍋和花椒粉一同炒至上色。
3. 倒入水跟醬油煮至滾沸後，加入豆腐塊以中小火燉煮約10分鐘。
4. 有一說是豆腐要泡過鹽水或汆燙，料理時才不易破裂；但這個步驟我通常都直接跳過。一來是水豆腐比我想像得更堅強，再來是如果有多餘的心力來讓保持豆腐完整，怎麼不去把辦公室地板上的自尊心碎片撿起來黏好？
5. 倒入太白粉水勾芡。芡汁入鍋後，以煎匙從鍋底將食材們鏟起再攪拌，切勿意氣用事把豆腐攪得稀巴爛；等到醬汁呈現濃稠狀即可撒上蔥綠關火服用。

▲▲不知是辣椒放多或想到本月加班時數內心傷悲，吃著吃著忍不住含淚：這世界能否多來點麻婆豆腐，少點辛苦？▲▲

請──給分！ ♡♡♡♡♡

以臭豆腐面目示人的氣炸油豆腐

這年頭作自己談何容易。

材料

油豆腐⋯1盒
蒜頭⋯3瓣
醬油⋯適量
辣椒⋯1根

易容術施展

步驟

1. 氣炸鍋以攝氏180度預熱5分鐘，置入跟你我同樣壓抑的油豆腐。
2. 烘烤約15分鐘至油豆腐膨脹，外皮酥脆後起鍋。
3. 醬油加入蒜末及辣椒末，淋上油豆腐後即可服用。

▲▲上工時展現真我通常不是什麼好主意；下班後再脫掉面具，把香酥的偽臭豆腐放進嘴裡，找回那個好吃懶作的自己。▲▲

請——給分！ ♡♡♡♡♡

豆腐業外派駐日員工：明太子氣炸油豆腐君

咪娜桑，一緒膩辭職得死嘎（燦笑）。

材料

油豆腐…4塊
明太子…1盒
　★於悠活農村網站購入

小天使沙拉醬…適量
假掰用海苔絲…適量

美味しい

步驟

1. 拿餐巾紙吸乾油豆腐君身上的汗水。如果你買的油豆腐很乾爽可以省略此步驟。
2. 氣炸鍋預熱至攝氏180度約5分鐘，置入油豆腐君，開始計時15分鐘。
3. 如果有聽到鍋子裡傳來壓咩爹壓咩爹的聲音，那你可能該試著少看一點謎片（？）早點去洗洗睡。
4. 利用這15分鐘的空檔製作明太子醬。只要混和明太子跟沙拉醬就完成。
5. 企圖去除明太子的膜時發現會折損不少珍貴的小太子們，索性不去；吃起來並無顯著異物感。
6. 15分鐘過後，拉高溫度至攝氏200度再計時5分鐘。
7. 時間到後取出油豆腐，佐明太子醬跟假掰的海苔絲一起服用。

▲▲ㄏㄟˊ～～～歐伊洗捏～～～工作壓力大得要死頂多辭職不要尋死捏～～～。▲▲

請──給分！♡♡♡♡♡

有在學佛的茴香煎蛋（卍）

煎蛋將功德茴向給眾社畜，祝福眾犬早日脫離畜生道輪迴。

材料

茴香⋯1小把
　★花市購入，1盆50元
雞蛋⋯2顆

鹽巴⋯少許

業障消除

步驟

1. 趁茴香盆栽還沒被養到升天成仙之前，摘一小把來煎蛋。
2. 將蛋液混合切碎的茴香及鹽巴。
3. 熱鍋倒油，倒入上述，煎至兩面金黃即可起鍋服用。

▲▲距領到微薄退休金、離苦得樂的那天還遠著，眾犬們何不把握現世給自己煎個蛋補充體力，以免在人生苦海游到虛脫溺斃？▲▲

請——給分！♡♡♡♡♡

與其頭殼抱著燒 不如東西收一收回家玉子燒

反正一時半刻我這腦袋也燒不出什麼舍利子啦。

材料

雞蛋…3顆

味醂…1大匙
水…1大匙
日式醬油…1小匙
鰹魚粉…1/2小包
　★於好市多購入

燒蛋幾勒

步驟

1. 將所有材料確實攪拌混和。
2. 熱鍋倒油，倒入可覆蓋鍋面的蛋液。
3. 蛋液凝固至七分熟時，從離自己最遠處開始往回捲。
4. 捲的過程可使用鏟子較易操作；若不幸手殘捲破了免緊張，你還有二到三次可以粉飾太平的機會。
5. 捲好後將之推到最遠處。
6. 再次補油，於空出鍋面倒入蛋液。
7. 重複步驟3與步驟4直至蛋液用罄。
8. 若是使用玉子燒專用鍋，可利用鍋子的直角造型塑形以達美觀；若使用的是一般鍋子，可使用壽司竹捲簾或是錫箔紙手動塑形。

請——給分！♡♡♡♡♡

▲▲急事緩辦、欲速則不達這個道理你我必須懂；畢竟若真有辦法快狠準的解決每個迫在眉睫的危機，你還會只是一條狗嗎？▲▲

一定入味的滷豆干

我都魯了十幾年了。

材料

LOSER

豆干…6塊

辣椒…1根
沙拉油…80g（可自行減量）
冰糖…80g
醬油…160g
水…160g
鹽巴…1小匙
市售滷包…1個

步驟

1. 孩子不要再幻想可以擺脫身上的魯味了；腳踏實地的滷它一鍋才是正途。
2. 豆干切成四等份。
3. 起一鍋滾水汆燙豆干塊，去除豆腥味。
4. 將所有食材置入鍋中轉中大火煮至滾後，轉中小火持滾15分鐘後關火。
5. 上蓋燜45分鐘。
6. 重複步驟3與步驟4三次後即可服用。

▲▲你就是這鍋滷豆干的關鍵老魯（淚流滿面）。▲▲

累到懶得咀嚼
時吃酪梨豆腐

嗚又是咬緊牙關苦撐的疲勞一天。

材料

♥ 軟

酪梨…1顆
涼拌豆腐…1盒

醬油膏…適量
素香鬆…適量

步驟

1　工作硬度無法選擇，但晚餐口感可以軟綿。
2　酪梨豆腐！！！就決定是你了！！！
3　將臉色發黑的成熟酪梨用菜刀沿著橢圓中線劃一圈，雙手握住上下兩半果肉以反方向轉動，取出果核，分割出適口大小後以湯匙挖出或直接剝除外皮。
4　盤面擺上豆腐，鋪上酪梨塊，撒上素香鬆，淋上醬油膏後即可服用。

▲▲身心疲憊的日子最適合這種免開火又不須勞動下顎開合肌的料理；快速解決晚餐後看要喝一杯桑幾勒，還是早點洗洗睡都很OK。▲▲

麻油雞佛也發火

受薪階級不分男女都能領略的歸懶趴火。

材料

雞佛…150g
★於悠活農村網站購入

老薑…10g
麻油…1大匙
米酒…100ml
鹽巴…少許
枸杞…少許

你懂的

步驟

1. 客戶要求沒有最荒唐，只有更荒唐。火歸火也不能怎樣，畢竟我不是佛只是條吃人頭路的狗。
2. 把客戶們的雞佛以清水快速沖洗去血水。
3. 起滾水一鍋，置入雞佛後即關火；燜約1分鐘去腥味後撈起備用。
4. 鍋中置入麻油與薑片，全程以小火煸至薑片微捲曲。
5. 倒入米酒與雞佛，煮至滾起後，再加入枸杞。
6. 加入鹽巴少許調味後即可關火服用。

▲▲佛曰境隨心轉，施主我轉化怒火成就一鍋麻油雞佛，善哉。▲▲

請――給分！ ♡♡♡♡♡

CHAPTER 5

澱粉料理篇

讓我們用碳水化合物的甜美來抵禦這人世的苦澀。

CHAPTER 5

DEFENSE!

殲滅馬鈴薯行動——沙啦!!

報告長官!任務完成!

材料

馬鈴薯…3顆
雞蛋…2顆
小黃瓜…1條
紅蘿蔔…1/3段
蘋果…1/2顆
市售沙拉醬…200g
鹽巴…1小匙

上啊!!!

步驟

1. 把一直意圖發芽造反的欠蒸馬鈴薯削皮切塊,用來配色的無辜紅蘿蔔切丁。
2. 將馬鈴薯、紅蘿蔔與雞蛋一起放進電鍋。電鍋外鍋一杯水,以燠熱水蒸汽徹底軟化他們的意志與軀體。
3. 蒸軟後,取鐵器如湯匙或叉子,進行全面性的猛烈摧毀行動將之搗成泥狀。
4. 待薯泥屍骨漸寒後,加入沙拉醬與鹽巴調味。
5. 最後加入黃瓜丁與蘋果丁增加爽脆快感即可服用。

▲▲在職場被人家殺得落花流水,回套房找馬鈴薯發洩,有夠悲催。▲▲

請——給分!♡♡♡♡♡

客人一直這也嫌那也鹹蛋糕

怎樣都不滿意是要我cheese逆!?

材料

低筋麵粉…150g
泡打粉…5g
牛奶…150g
雞蛋…2顆
蒜味美乃滋…30g
★於全聯購入
起司片…2片

內餡——
洋蔥…1/4顆
培根…3條
玉米粒…100g
黑胡椒…適量
鹽巴…1小匙
乳酪絲…大量

步驟

1. 上班作到有想去死的感覺八成是太認真了，即刻進行一個自我修正的動作，收包包關機回家。
2. 將洋蔥(ㄎㄜ、)跟培根(ㄖㄣˊ)切作小丁貌。培根丁下鍋以小火翻炒至出油，再加入洋蔥丁一起炒至香味噴發，最後再加入玉米粒。
3. 以黑胡椒及鹽巴1小匙調味後餡料完成，置涼備用。
4. 取一盆，倒入低粉、泡打粉、雞蛋、牛奶攪拌均勻，直至盆中呈客人腦袋內容物之麵糊貌。
5. 加入美乃滋於麵糊中進行調味，並投入撕成小片的起司片。
6. 將已完全冷卻的餡料倒入麵糊中，攪拌均勻後，倒入烤模。
7. 以攝氏180度烤約20分鐘後取出，於頂部鋪上大量乳酪絲再烤約10分鐘至乳酪絲融化帶焦色。
8. 以竹籤或筷子捅入糕體中央確認無沾黏麵糊後，即可取出切片服用。

▲▲在每個想叫客人去死或自己快被氣死的時刻，我總會想起那首英文老歌是這樣唱的，"You can't please everyone, so you got to please yourself." ▲▲

別跟我說早餐吃炒麵too heavy

這世間heavy的事豈止炒麵而已？吃啦，怕什麼。

步驟

1. 肉絲先以醃肉三友也就是醬油、米酒、太白粉快速抓醃。
2. 香菇、洋蔥、紅蘿蔔切絲，高麗菜撕成易入口大小。
3. 烏龍麵條以滾水汆燙至麵體伸展開來以利等等拌炒。
4. 炒香蔬菜類後，加入肉絲翻炒至熟，再置入麵條。
5. 擠上廣島燒醬，撒上鹽巴，開中大火迅速將鍋中的一切拌合即可盛盤服用。
6. 若有剩餘食材可以滾碗味噌湯來配。

材料

市售烏龍麵條…1包
香菇…1朵
紅蘿蔔…1/3段
洋蔥…1/4顆
豬肉絲…150g
高麗菜葉…適量
廣島燒醬…3大匙
鹽巴…適量

吃

▲▲關於人生的各種困惑艱難，在這盤炒麵面前都顯得無足輕重；進辦公室後再說。▲▲

你又胃食道逆流了嗎之香菇油飯

糯米吃太多易分泌過多胃酸，租小套房還硬要煮關心您。

材料

長糯米…2杯
全聯豬肉絲…1盒
乾香菇…5朵
油蔥酥…1大匙
香菇水…50ml
醬油…3大匙

醃肉部隊——
醬油…1大匙
米酒…1大匙
糖…1小匙
白胡椒粉…適量
太白粉…1小匙
香油…1小匙

> 我的胃～

步驟

1. First thing first，乾香菇泡水、肉絲抓醃。
2. 長糯米洗淨、徹底瀝乾水分後，以米：水＝1：0.7的比例置入電鍋。外鍋1杯水，電鍋開關閥跳起後再燜10至15分鐘。
3. 糯米不用泡啦真的；下班完還在那邊泡米是要吃幾點的。
4. 掐乾已軟化的香菇並切絲。
5. 熱鍋倒油，置入香菇絲，炒至香氣大爆發。
6. 同鍋下肉絲翻炒，待肉絲由生轉熟後，放入油蔥酥快速混合。
7. 倒入香菇水與醬油，滾煮約10分鐘。
8. 上述完成後，倒入燜好的糯米飯，並以飯匙攪拌混合均勻即可服用。

▲▲讓你食道胸口灼熱的原因除了喝咖啡吃甜食喝酒吃麻辣鍋飆高音腹部太用力，其中一個理由一定是一天中有至少八個小時活得像狗。▲▲
#再忙也要照顧自己 #就算只是一條狗命

請——給分！ ♡♡♡♡♡

被客戶炸得咪咪帽帽回家炸醬麵

不醬，啊不然我是有種炸回去逆。

材料

豬絞肉…300g
豆干…6片
蒜頭…8～10瓣
青蔥…1根
小黃瓜…1根
麵條…2人份
辣豆瓣醬…3大匙
甜麵醬…3大匙
李錦記甘甜滷醬油…1大匙
太白粉水…2大匙
（水：粉＝1：2）
水…100ml

我投降

步驟

1. 把豆干當客戶，讓他們一個一個在你的砧板上稍息立正站好；操起你的凶器，一刀一刀把他們幾位分割成丁。
2. 熱鍋倒油，把樓上成丁丁狀的客戶下鍋翻炒折騰到他們吱吱叫、臉色焦黃再起鍋備用；等等他們還有得受。
3. 鍋中置入豬絞肉，炒到變色後，下蒜末、蔥末跟豬肉們一起在鍋中翻滾到香香。
4. 此時加入豆瓣醬、甜麵醬炒至香味出後，投入還沒死透的客戶，喔我是說豆干丁，再放入醬油、水，讓大夥在沸騰的湯汁裡滾上一滾。
5. 豆干丁務必謹慎燉煮力求入味，大概需滾個十來分鐘；滾煮過程若湯汁快乾時請記得加水，切莫讓他們黏鍋焦底反將你一軍。
6. 最後淋上太白粉勾芡，即可關火。
7. 服用前記得下好麵條、切好小黃瓜絲一起上路陪葬。

請——給分！ ♡♡♡♡♡

🔺🔺精神勝利法還能用幾次我不清楚，不過這鍋炸醬應該可以吃蠻久的。🔺🔺

被假想成客戶們的水餃

水滾起來的時候都給我下去，全部。

材料

無辜冷凍水餃…10粒
水…可蓋過水餃的量

燙死你

步驟

1. 下班後站在爐前眼神死等水滾起來。
2. 水滾冒泡時讓客戶們全部都下鍋；稍微撥動一下，以免他們黏鍋弄得皮開肉綻又給我找麻煩。
3. 今天的我是無法再承受任何一點不如意了。
4. 水再度滾起的時候，加1碗水。
5. 反覆上述動作，直到客戶們都略顯浮腫漂在水面上。
6. 打撈上岸吃掉。

請——給分！ ♡♡♡♡♡

▲▲精神勝利法再度帶領本犬度過充滿磨難的一天，耶。▲▲

遇到辣薩咪啊 要吃 Laksa 叻沙麵

吃燒餅哪有不掉芝麻，出來江湖走跳多少都會遇到拍咪啊。

材料

百勝廚叻沙調理包…1包
　★購於 momo 購物網
全聯雞腿肉…1盒
貢丸…3顆
油豆腐…3塊
豆芽菜…適量
麵條…2人份
假掰用九層塔…可略

恐怖喔

步驟

1. 只能吃碗麵壓壓驚，告訴自己不怕！！！
2. 熱鍋免倒油，雞皮朝下煎炒至雞油出，雞腿肉表面變色後取出備用。
3. 倒出逼出的多餘雞油，免洗鍋翻炒叻沙醬至香氣出，投入椰漿粉跟600ml的水煮滾。
4. 加入剛剛中離的雞腿肉、喜愛的配料以及煮熟的麵條即可服用。

請──給分！ ♡♡♡♡♡

▲▲強烈建議員工訓練需將降妖除魔、驅邪避凶、收驚解煞列入必修技能。▲▲
#我只是想餬口沒想當師公　#人比鬼可怕

道德淪喪極惡系列之 起司通心粉

緊繃褲頭的制裁終將到來。

材料

通心粉…200g
洋蔥…1顆
強味切達起司…1塊226g
　★於家樂福購入
牛奶…440ml
煮麵水…50ml
中筋麵粉…50g
奶油…30g
黃芥末…1大匙
糖…1小匙
鹽…1小匙
焗烤乳酪絲…大量

我認罪

步驟

1. Don't judge me. I really need this today!!!
2. 起滾水一鍋，加入1大匙鹽巴與少許橄欖油後投入通心粉，煮至外包裝指示時間之1/2即撈起備用。
3. 鍋中置入奶油後開小火，待奶油溶解後放入洋蔥絲。
4. 將洋蔥絲翻炒至焦糖化呈褐色。
5. 倒入麵粉與洋蔥同炒，分次加入牛奶以小火滾煮攪拌均勻至濃稠狀；白醬完成。
6. 若覺得稠到凍抹條可加入煮麵水調整濃稠度。
7. 將切達起司分切成小塊，投入上述白醬攪拌至溶解後，加入黃芥末醬、糖、鹽巴調味。
8. 完成起司白醬後，加入通心粉，以小火煮至滾沸；過程需持續攪拌以免焦底黏鍋。
9. 盛裝至烤皿，撒上大量乳酪絲後置入烤箱，烤至乳酪絲融化上色後即可出爐服用。

▲▲「出來混遲早要還的」，面對這種熱量高到可以自燃的菜色，我的小腹早有被勒斃的打算。▲▲

請——給分！ ♡♡♡♡♡

極速傳說料理系列之 牛丼飯

人要比車兇；下班就要手刀往前衝。

材料

梅花牛肉片…1盒
洋蔥…1/2顆
水…100ml
醬油…2大匙
味醂…1大匙
清酒或米酒…1大匙
鰹魚粉…1/2包
蔥花…適量

咻咻咻

步驟

1. 洋蔥切絲；為成功逃離辦公室的自己流下欣慰的淚水。
2. 熱鍋倒油，翻炒洋蔥絲至微焦香，倒入醬汁滾煮至洋蔥軟爛。
3. 醬汁仍持滾時，置入牛肉片燙熟即關火。
4. 將醬汁跟肉片鋪上白飯，撒上蔥花即可服用。

▲▲如果衝到全聯已經沒肉可買，詛咒完主管和客戶祖宗十八代，看是要去吃sukiya還是吉野家也美賣啦。▲▲

#牛丼真的是極速料理但要記得先加熱剩飯或按下電鍋開關煮飯 #本文並沒有和任何牛丼連鎖店合作

請——給分！ ♡♡♡♡♡

自暴自棄的起司醬淋培根玉米雞蛋馬鈴薯

讓我肥A～～～（請自行搭配伍佰老師愛情的盡頭副歌旋律）。

材料

牛奶…150ml
番茄醬…1大匙
芝司樂起司片…3片
起司粉…1大匙
鹽巴…1小匙
太白粉水（水：粉＝2：1）

別攔我

步驟

1. 關於馬鈴薯跟雞蛋如何用電鍋蒸熟，培根如何煎得焦香酥脆，還有怎麼拉開玉米罐頭種種我就不多贅言；人生苦短你知道的。
2. 整盆澱粉質的美味關鍵當然就是那起司醬。
3. 將牛奶倒入鍋中煮滾後轉小火，投入芝司樂起司片。
4. 慢慢攪拌至起司片融化後，加入番茄醬調色增味。
5. 加入起司粉跟鹽巴作調味，若家裡有cream cheese也可加入味道會更加濃郁。
6. 趁小火微滾時，加入太白粉水勾芡至醬汁濃稠滑順貌即可關火。
7. 淋到已經在碗裡就位的培根雞蛋玉米馬鈴薯頭上即可服用。

▲▲說什麼減肥，不要對食物不敬好嗎？▲▲

請——給分！♡♡♡♡♡

有靈魂的鹹粥

一碗鹹粥的靈魂就是油蔥酥，沒它這粥只是碗被水滾過的飯。

材料

生米…1杯
芋頭…200g
乾香菇…3朵
菜脯丁…2大匙
全聯豬絞肉…1/2盒
芹菜末…適量
鹽巴…適量
醬油…1小匙
白胡椒粉…適量
紅蔥頭…3瓣
油蔥酥…2大匙

靈魂系料理

步驟

1. 人倘若無魂有體，只能算是面人形立牌；鹹粥若少了那股油蔥香，就是一碗加水滾過的飯。
2. 熱鍋倒油，爆香紅蔥頭末與香菇絲。
3. 置入菜脯丁、芋頭角及豬絞肉一起翻炒。
4. 生米也一起下鍋，加入醬油翻炒均勻增香。
5. 倒入泡香菇水再補足水量（米：水＝1：6），開中大火煮至滾沸後轉小火。
6. 滾至芋頭熟軟，米也由生轉熟後，撒入芹菜珠及關鍵的靈魂油蔥酥即可關火服用。
7. 鹹粥的配料可繁可簡，豐儉由人；唯獨油蔥酥這項食材萬萬不可省略。

▲▲我知道有不少人無法領略靈魂系配料之油蔥酥的美妙，甚至深惡痛絕；對此我只能表示遺憾。▲▲
#更遺憾的是不管你有沒有靈魂明天都要出門上班

請——給分！ ♡♡♡♡♡

史上最強疲勞對策之電鍋蒸餃

蒸的好累RRRR。

材料

冷凍水餃…10顆
比盤面稍大的烘焙紙…1張
量米杯的水…1杯

蒸情推薦

步驟

1. 經縝密計算，若依正常程序煮食水餃餐後必須清洗湯鍋、勺子、盤子各一及筷子一雙。
2. 今天無法依正常程序作了這些餃子；好累。
3. 烘焙紙鋪上盤子，擺上未解凍的水餃；不管是不是防疫期間，餃子們都必須保持間隔距離以免破皮悲劇。
4. 量米杯的水倒入外鍋，置入水餃盤，蓋上鍋蓋。
5. 壓下電鍋開關後，約20分鐘後開關跳起時即可服用。
6. 服用完畢只要清洗筷子跟醬油碟好了。

▲▲如果可以重新投胎，人家想當三不五時去大美容洗廢物澡的寵物犬，而不是常常被客戶洗臉覺得自己是廢物的社畜嗚嗚。▲▲

請——給分！ ♡♡♡♡♡

血汗榨菜肉絲麵

> 榨菜再鹹，鹹不過你被榨出的汗與淚。

材料

秀山真空榨菜…1包
　★於pekoe網站購入
肉絲…1盒
青蔥…2根
蒜頭…3瓣
辣椒…1根
高湯…200ml
水…300ml
麵條…1束

已乾癟

步驟

1. 又度過精氣神幾近被榨乾的一天；回家給自己下碗湯麵。
2. 榨菜先泡水20到30分鐘去鹹度；肝功能已經不佳，腎不能再敗。
3. 肉絲以醃肉部隊（醬油、米酒、白胡椒粉、香油）快速醃製。
4. 熱鍋倒油爆香蒜末及辣椒圈，置入肉絲跟榨菜拌炒至熟後，盛起備用。
5. 將高湯跟水一起煮滾，置入已燙熟的麵條。
6. 把炒好的榨菜肉絲取適量疊上麵條，再撒上蔥花即可服用。

▲▲榨菜的鹹度可以泡水沖淡，你榨出的淚與汗只能結晶成微薄的存款。▲▲

請——給分！♡♡♡♡♡

富貴功名之於我如過眼雲煙花女義大利麵

鹹酸辣才是生活的真實氣味。

材料

鰻魚罐頭…1罐
　★於pekoe官網購入
市售番茄泥…1/2罐
牛番茄…1顆
酸豆…1大匙
　★於全聯購入
黑橄欖…10～15顆
蒜頭…5瓣
義大利麵…200g

講白了就窮酸味

步驟

1. 熱鍋倒橄欖油，爆香蒜片，置入酸豆、黑橄欖（切碎或切片皆可）、牛番茄塊及整罐鰻魚罐頭一同拌炒。
2. 倒入番茄泥煮至滾沸後關火。
3. 另起一鍋滾水，加1大匙鹽，依外包裝盒指示時間將麵條煮熟。
4. 將麵條瀝乾加入步驟2煮好的醬汁攪拌均勻即可服用。

▲▲在這紅塵打滾的不僅是煙花女，還有每天至少出賣八小時靈肉給公司的我和你。▲▲

請──給分！♡♡♡♡♡

沒種裝皮蛋瘦肉粥

於是累到快被鬼抓走。

材料

白米…1杯
皮蛋…2顆
雞蛋…1顆
肉絲…1盒
玉米罐頭…1/2罐
青蔥…1根
市售雞高湯…500ml
水…500ml
鹽巴…適量
白胡椒粉…適量

我就孬

步驟

1. 在家辦公反而忙到昏天暗地，這是什麼道理？
2. 熱鍋倒油，翻炒蔥白至香味出。
3. 加入掏洗瀝乾的白米共同翻炒。
4. 倒入雞高湯跟水開始滾煮至米粒由生轉熟。
5. 米粒煮到喜歡的軟硬度後，加入玉米粒、皮蛋、瘦肉絲共同滾煮。
6. 以繞圈方式淋上雞蛋液，待凝固煮熟。
7. 加上蔥花並撒上鹽巴（勿下手太重，雞高湯已自帶鹹味）、白胡椒調味即可服用。

請——給分！ ♡♡♡♡♡

▲▲俗話說一皮天下無難事，沒種裝皮那就乖乖作事。▲▲
#WFH還是WTF傻傻分不清楚

殲滅馬鈴薯行動
趴兔——蔥啊！！！

敵軍已全數壓制，我方大獲全勝！

材料

澳洲馬鈴薯…3顆
　★於全聯購入
青蔥…2根
奶油…10g
鹽巴…適量

所向無敵

步驟

1. 套房角落的馬鈴薯叛軍疑似又在用賊溜溜的芽眼窺探我。
2. 決定快刀斬亂麻，皮也不削，洗乾淨後直接滾水酷刑伺候。
3. 當然要選擇集體送入電鍋禁閉室也是可行；總之先以熱度徹底擊潰他們的內部組織。
4. 上述攻擊需要花上一點時間，切勿太早收手熄火；小不忍則亂大謀，切記切記。
5. 熱鍋倒油，置入已軟化的馬鈴薯，以鏟子給它們來一記泰山壓頂至餅狀。
6. 開始小火慢煎至兩面金黃微焦，起鍋前再投入奶油塊跟大量蔥花增加香氣。
7. 最後殘暴的在它們的傷口撒上鹽粒即可服用。

🔺🔺WFH的日子真可謂背腹受敵。外頭疫情凶險，房間內主管客戶來電不能不接，開個會無線網路還一直斷真的有夠崩潰。
胸中鬱悶無處可發，馬鈴薯們不管是不是快發芽都必須死。🔺🔺
註：馬鈴薯要是真的發芽就不要吃噢，吃了換你會死。

請——給分！ ♡♡♡♡♡

優質房客的你值得優質的泡麵

給按時繳納房租水電的自己尷尬兩粒大干貝以資鼓勵。

材料

泡麵…1包
雞蛋…1顆
青蔥…2根
玉米粒…2大匙
大干貝…2粒
★於好市多購入

啪啪啪（掌聲）

步驟

1. 本汪小冰箱冷凍庫裡固定會囤上一包干貝，在月底繳完房租水電吃泡麵的時刻拿兩顆出來配，有效緩和內心悲痛感。
2. 干貝煎法請見前文「P.41套房一秒變帝寶的煎大干貝佐松露醬」。
3. 起滾水1鍋，加入調味粉包，麵體煮至軟硬適中，加入B咖配料之蔥花、雞蛋、玉米粒。
4. 擺上煎好的大干貝兩粒即可起鍋服用。
5. 懶得煎干貝的朋朋也可將干貝直接投入泡麵鍋共同滾煮約1分鐘即可。

▲▲正所謂兩害相權取其輕，吃泡麵的寂寞感就用配干貝的荒唐來沖淡（？）。
▲▲ #這個月的你房租匯了嗎？

請──給分！ ♡♡♡♡♡

想辭職的心不分四季豆拌飯

然後要死不活的又多待了一年那樣。

材料

白米…2杯
四季豆…150g
黑木耳…3大片
雪白菇…1包
雞蛋…4顆
蒜頭…5瓣
鹽巴…適量
白胡椒…適量
香油…1大匙

只能想想而已

步驟

1. 事情有輕重緩急先後次序，反正辭職的事也說好多年了就再緩緩吧；米先洗乾淨放下去電鍋煮要緊。
2. 四季豆去頭去尾；黑木耳、雪白菇去除蒂頭。
3. 起一鍋滾水，滾水中撒鹽巴1小匙，置入上述三種食材汆燙兩分鐘。
4. 取出燙好的四季豆切小段；黑木耳捲起成管狀後，切絲；雪白菇切小段剝小塊。
5. 熱鍋倒油，倒入蛋液後炒蛋。炒蛋快凝固前，加入蒜末、四季豆段、黑木耳、雪白菇共同快速翻炒。
6. 將上述拌飯料全數置入煮好的白飯，再撒入鹽巴、白胡椒並淋上香油攪拌均勻後即可服用。

▲▲每天睡前都想著他Ｘ的我幹不下去了好想辭職；隔天早上鬧鐘一響就又自動刷牙洗臉換好衣服，從套房眼神死移動到公司去；就這樣過了一個又一個四季。▲▲
#禮拜一並不會是全新的一週
#那只是又一個你我逃不出的輪迴

請──給分！ ♡♡♡♡♡

你是不是也腸腸覺得人生很南瓜義大利麵

那不是錯覺，那是因為你缺錢。

材料

M號南瓜…1/2顆
洋蔥…1顆
鮮奶油…200ml
高湯或牛奶…100ml
蒜瓣…3至5瓣
德國香腸…3根
義大利麵條…200g
鹽巴…適量

人生好難

步驟

1. 這人世之所以艱難，十之八九都是因為沒錢得出門上班。
2. 南瓜洗淨，去除蒂頭後剖半，刨除瓜囊。
3. 將1/2的南瓜置於盤中，放入電鍋蒸煮至軟（約20分鐘）。
4. 等待南瓜蒸好的時間，將1/2洋蔥切丁炒香。
5. 將蒸好的南瓜（免去皮）、炒好的洋蔥丁、鮮奶油及高湯放入果汁機或調理機打至滑順狀。
6. 炒香剩餘的半顆洋蔥、蒜末、南瓜薄片（取自剩餘的1/2南瓜）及香腸斜切片，加入上述打好的醬汁共同煮至滾沸，撒上鹽巴適量調味後即關火。
7. 另起一鍋滾水並加入鹽巴一匙，放入義大利麵條並依外包裝指示煮熟。
8. 混和麵條與醬汁後即可服用。

▲▲有人說「窮是不是擁有的少，而是想要的太多。」呃，如果我想要的都能擁有難道還會哭窮嗎。人生之所以難，除了缺錢得出門上班以外，還有一堆悖論來招我煩。▲▲

請──給分！ ♡♡♡♡♡

因為人生很可能只是一場窮芒果糯米飯

所以上工時能裝芒就要盡量裝芒。

材料

愛文芒果…1顆
長糯米…1杯

水…0.7杯
椰漿…200ml
砂糖…35g
鹽巴…1小匙
玉米粉…1小匙

窮芒族

步驟

1. 長糯米洗淨瀝乾，無須浸泡；糯米：水＝1：0.7置入電鍋內鍋，外鍋一杯水，待電鍋開關閥跳起後再燜15至20分鐘。
2. 砂糖跟椰漿一起煮至融化微滾即可關火。
3. 將上述取約100ml拌入煮好的糯米，靜置待涼。
4. 剩餘的醬汁加入玉米粉（先用少量水調開）勾芡製成有濃稠感的淋醬。
5. 將切好的芒果及糯米淋上椰醬後即可服用。

▲▲作為悲情的受薪階級，窮的部分已不可逆，但裝忙這方面尚有可為，加油！
▲▲ #僅有的一點積極都用在這種地方

請——給分！ ♡♡♡♡♡

生活黏膩感揮之不去時 來碗秋葵山藥蓋飯

甩不掉？那吃掉。

材料

秋葵…5根
山藥…1段約10cm
鰹魚露…1大匙
白飯…1碗

黏ＴＴ

步驟

1. 把抽象負面心理感受具體化然後正面迎擊（帥）。
2. 將蔬菜界蛞蝓aka秋葵用鹽巴快速搓揉去除細毛後沖洗。
3. 起熱水一鍋，快速汆燙1分鐘撈起，泡入冰水保鮮綠及口感。
4. 去除蒂頭後切小段。
5. 山藥清洗去皮後，切成塊狀置入調理機打成史萊姆狀。無調理機也可置入袋中以肉錘或擀麵棍重擊。
6. 將山藥泥鋪上白飯，鋪上秋葵段，再淋上鰹魚露即可服用。

▲▲日日往返公司與套房的兩點一線生活過著過著不免黏膩厭煩；但即便如此還是會想吃點健康的菜色讓自己活久一點呢。▲▲
#被公司操到胃潰瘍的朋朋請多吃含黏液食材

請──給分！ ♡♡♡♡♡

那年員工旅遊沒去大阪吃大阪燒

一群人被迫跟老闆關在大板根(註)強顏歡笑。

材料

高麗菜…300g
雞蛋…2個
五花豬肉片…1盒
山藥泥…100g
低筋麵粉…200g
鰹魚粉…1小袋
　★於好市多購入
水…200ml
大阪燒醬…適量
美乃滋…適量
海苔粉與柴魚片…適量

> 呵呵呵（勉強貌）

步驟

1. 有心要體恤員工促進辦公氣氛融洽，加薪就好不用辦什麼員工旅遊。
2. 混合低筋麵粉、山藥泥、水、雞蛋、鰹魚粉製成麵糊。
3. 高麗菜切絲置入麵糊，稍作攪拌。
4. 與此同時，冰箱若有剩菜邊角料也可一併投入。
5. 熱鍋倒油，加入上述麵糊至鍋中，並以鍋鏟塑形成圓餅狀；中小火煎約5分鐘。
6. 麵糊上方鋪豬肉片後，翻面續煎約5分鐘。
7. 翻面時怕悲劇的話，請先將鍋中麵餅平行移出至盤上，再以鍋子倒扣盤上進行翻面比較不易發生憾事。
8. 煎熟後於表面刷上大阪燒醬、擠上美乃滋、撒海苔粉與柴魚片即可服用。

▲▲員工旅遊這檔事，不管去大阪或是大板根本質上都沒什麼差異，都是變相加班。▲▲ 註：新北三峽知名溫泉酒店

請——給分！ ♡♡♡♡♡

人生再乏味我也不想經歷什麼千錘百煉乳法式吐司

戶頭老是莓什麼錢已經是這輩子最嚴峻的試煉。

材料

厚片吐司…2枚
煉乳…3大匙
雞蛋…2顆
牛奶…150ml
奶油…20g
草莓…適量
裝飾用糖粉（可略）

> 對我就爛草莓。

步驟

1. 草莓族世代欠缺的不是什麼磨練鍛鍊或歷練；我們缺的是錢錢。
2. 把漲到你會想哭的雞蛋、牛奶及煉乳混合均勻製作蛋奶液。
3. 將厚片吐司浸泡於上述蛋奶液中，並放入冰箱靜置直至蛋奶液全數吸收（約2小時），確保吐司口感不會跟戶頭一樣乾癟。
4. 鍋中置入奶油後開小火，待奶油溶解後放入上述厚片吐司。
5. 煎至兩面金黃帶焦色後即可關火起鍋。
6. 建議搭配草莓及份量外煉乳一同服用；用夢幻草莓及香甜煉乳暫時掩蓋現實中去給人家打工的艱苦。

▲▲好希望每天當廢物躺在家裡狂嗑Netflix就有錢錢一直轉進我帳戶。▲▲

請——給分！ ♡♡♡♡♡

一寸光陰一寸金瓜炒米粉

這幾年作為社畜的光陰並沒讓我賺到什麼金。

材料

米粉…150g
南瓜…1/4顆
紅蘿蔔…1/2根
乾香菇…5朵
肉絲…300g
蝦米…10g
青蔥…2根
油蔥酥…1大匙
醬油…3大匙
白胡椒粉…適量
鹽巴…適量

> 你的光陰值幾金？

步驟

1. 寸金難買寸光陰，速速收拾離開辦公室手回家炒米粉。
2. 乾香菇泡水；肉絲以醬油、米酒、太白粉快速抓醃；青蔥切段。
3. 熱鍋倒油，爆香擰乾水分的香菇，蝦米及蔥白段。
4. 置入肉絲炒熟後，可將肉絲取出以免柴硬。
5. 同鍋續炒紅蘿蔔絲與南瓜絲，可倒入少量香菇水加速熟軟速度。
6. 起滾水一鍋汆燙米粉。滾水中可加入1小匙沙拉油，以免米粉跟你想下班又走不了時的心緒一樣糾結。
7. 水再度滾起後即可取出米粉，可以料理剪或菜刀切段以利拌炒。
8. 混合米粉、前述炒好之佐料及蔥綠段，再加入醬油、鹽巴、白胡椒拌炒後即可服用。

▲▲若時間是一種貨幣，社畜就是一種每天花八小時從公司購入大量疲勞無奈空虛的物種。▲▲

請──給分！ ♡♡♡♡♡

希望每天都迷迷糊糊蝴蝶麵拌青醬蝦仁

不想覺知星期一上工的焦慮感。

青醬製作材料

九層塔⋯70g
萬歲牌起司堅果⋯50g
蒜頭⋯5瓣
帕瑪森起司粉⋯20g
橄欖油⋯100g
鹽巴⋯1小匙

剩餘材料——
蝴蝶麵⋯200g
洋蔥⋯1/2顆
大蒜⋯3瓣
蝦仁⋯200g
油封/新鮮小番茄⋯10顆
鹽巴、起司粉⋯適量

我的胃裡有蝴蝶

步驟

1. 每次看到青醬食譜上面寫要烘烤松子，都不禁微慍想說這一時半刻是要去哪裡生松子；經實驗證明，用萬歲牌堅果也是可以成立的。
2. 九層塔去梗後快速汆燙、水分擠乾後，將所有材料用果汁機或調理機打勻；稍微試一下味道調整鹹度後青醬完成。
3. 起一鍋滾水，鍋中加鹽巴1小匙，置入蝴蝶麵。可於外包裝建議時間提前1分鐘撈起。
4. 熱鍋倒橄欖油，爆香蒜末及洋蔥丁。
5. 蝦仁以廚房紙巾吸乾表面水分後，下鍋與前述翻炒。
6. 加入煮好之蝴蝶麵及番茄再次拌炒。
7. 起鍋前加入青醬攪拌均勻即可關火服用。

▲▲花若盛開，蝴蝶自來；主管嘰歪，下屬跳海。▲▲

請——給分！ ♡♡♡♡♡

不要再叫我加油漬番茄蛤蠣義大利麵

請直接匯款給我謝謝（鞠躬）。

材料

義大利麵條…200g
蛤蠣…1斤
油封小番茄…20顆
大蒜…5瓣
橄欖油…適量

接受小額捐款

步驟

1. 油漬番茄的製作一言以蔽之，即把番茄洗淨對半切後撒鹽，再把番茄烤至微脫水蜷曲貌，最後用加入香料的橄欖油代替福馬林，把大夥們泡上一晚即完成的一道配菜。
2. （呼。）
3. 起滾水一鍋，加入鹽巴1大匙，煮義大利麵條。於外包裝建議時間前1分鐘即撈出。
4. 取油封番茄的橄欖油爆香蒜片後，置入蛤蠣，倒入約50ml煮麵水，上蓋。
5. 待蛤蠣全數張口大喊「拜託請匯款給我！！！」後，加入已煮好的麵條及小番茄們，一起攪拌混合均勻即可關火服用。

▲▲也許出於好意也或許是沒法再將話題繼續下去，在對方對我拍肩說出加油兩字後，我往往道謝然後禮貌微笑，腦中幻想對方接下來會詢問我的銀行帳號。▲▲

請——給分！ ♡♡♡♡♡

讓人流淚的不是洋蔥圈

是那個一天囚禁你至少八小時的小隔間。

材料

市售冷凍洋蔥圈…適量
美乃滋…100g
黃芥末…1大匙
洋蔥…1/4顆
迷你酸黃瓜…3條
　★於全聯購入
白煮蛋…1顆
檸檬汁…1小匙
糖…1小匙

放我出去

步驟

1. 加班晚歸的日子，需要來點 comfort food 慰勞整天的疲憊忙碌。
2. 冷凍庫的洋蔥圈抓一大把，倒進預熱至攝氏180度的氣炸鍋烘烤15分鐘。
3. 不要勉強自己在這種時刻起油鍋，你只是想放鬆沒有想跟這洋蔥圈你死我活；再說你的體重能少吃一匙油是再好不過。
4. 但利用這15分鐘的空檔喇個塔塔醬還算是在合理的範疇。
5. 將洋蔥、酸黃瓜、白煮蛋切成細碎狀。
6. 混合上述與美奶滋、黃芥末，再以檸檬汁與糖調味即完成。

▲▲這是怎麼了？我怎麼會流淚了呢？(註)酥脆爽口的洋蔥圈，佐這濃郁又不失清爽的塔塔醬固然令人感動，但我想流淚的主因是明白短暫放風後隔日又要回去上工。▲▲
（註：電影「食神」經典台詞。）

請——給分！ ♡♡♡♡♡

下班還揉麵的水餃皮披薩

是誰有那個美國時間

呃我本人今天是沒有。

材料

水餃皮…3張
奶油乳酪／培根丁／義大利綜合香料
韓式泡菜／玉米粒／蔥花
番茄醬／熱狗片／青椒
乳酪絲

沒空啦

步驟

1. 今天如果有時間揉麵的話，我想拿來多喝一杯。
2. 披薩的關鍵在於配料必須具備一定濕潤度以搭配爽脆餅皮；咽喉異物梗塞這種事如果發生在午餐會議還有同仁可以協助急救，獨自發生在租屋處的話就不好說。
3. 扯遠了，總之冰箱的雜碎邊角料可藉這道菜殲滅之；前提是搭配適合潤口醬料如奶油乳酪、美乃滋、番茄醬。
4. 水餃皮抹上醬料，鋪上配料，再撒上乳酪絲後入烤箱，以攝氏200度烤約10分鐘至配料熟化乳酪絲融化後即可服用。

▲▲九零年代金曲歌后莫文蔚曾經唱過，「沒時間，我沒時間，一瞬間，來到夏天～」而那時無業時間多得發慌的我並不知道現在的自己會這樣唱著：「沒時間，我沒時間，一瞬間，又來到小隔間（哭腔）～」▲▲

請──給分！ ♡♡♡♡♡

你真正的對手是你自己
不用跟別人比斯吉

每次比也都比輸是在比心酸。

材料

低筋麵粉…280g
牛奶…100ml
無鹽奶油…125g
泡打粉…15g
糖粉…15g
鹽…5g

人貴自知

步驟

1. 人比人會氣死人～認清自己是條狗心中會少點忿恨，發現自己是條會烤比斯吉的狗後，內心還會為之一振。
2. 在盆中混合低筋麵粉、泡打粉、糖粉、鹽。
3. 將上述加入切成小塊的奶油，用手搓捏混合至呈粉類呈淡黃色、碎屑狀。
4. 加入牛奶，拌成麵糰。勿過分搓揉以免麵糰起筋性。
5. 麵糰完成後，先包上保鮮膜置入冰箱鬆弛。利用這段時間清洗器具並預熱烤箱。
6. 從冰箱取出麵糰 分割成六等份搓圓，表面刷上牛奶後置入烤箱。
7. 以攝氏180度烤約20分鐘至表面呈金黃色即可取出服用。

▲▲話說回來，就算對手是自己，你不也是常常被自己的各種劣根性擊敗嗎？▲▲
#不信你低頭看看日益茁壯的小腹

請——給分！ ♡♡♡♡♡

客人發瘋你要比他更楓糖培根鬆餅

who 怕 who。

材料

森永楓糖口味鬆餅粉…2小袋
★於MOMO購物網購入
雞蛋…2顆
牛奶…100g
培根…3〜4條
奶油…10g
楓糖漿…大量

> 你咬我啊

步驟

1. 欸標題純屬嘴砲請勿模仿；本人雖無幼童待哺，上仍有高堂老母、年邁老父要照顧，這飯碗再沉也得捧住，不能跟著中邪的人客起舞。
2. 依鬆餅粉外包裝指示份量混合鬆餅粉、雞蛋及牛奶；依工作守則指示遇到發瘋客人要作到深呼吸、微笑並且哈腰。
3. 可於上述麵糊中加入楓糖漿1大匙增強風味。
4. 完成麵糊置入冰箱約半小時，鬆弛攪拌時產生的筋性；客人滾了以後躲進廁所十分鐘，撫平交涉時突出的額角青筋。
5. 熱鍋倒油，以湯勺撈取麵糊倒入鍋中以小火煎製鬆餅。
6. 當看見麵糊出現小氣孔時始可翻面，兩面皆呈焦色後即可起鍋。
7. 鬆餅煎製完成取出後，同鍋煎培根（免再額外倒油）。
8. 培根可略煎至熟，也可小火煎炸到酥脆如一折就斷的理智線。
9. 待培根亦起鍋後，將鬆餅淋上楓糖即可服用。

▲▲歹年冬，搞蕭郎；執勤中時不時遇上幾個瘋子也是正常，認真你就輸了啦。▲▲

請——給分！ ♡♡♡♡♡

CHAPTER 6

湯品篇

當你對這世界失望，
讀一百本心靈雞湯
不如回家滾一鍋湯。

CHAPTER 6

我認 soup

上工遇到鯛民 回家要喝鱸魚湯

被盧小小盧到內傷，補一下。

材料

真空無刺鱸魚塊…1塊
　★於好市多購入

薑絲…適量
青蔥…1根
水…500ml
鹽巴…1小匙
香油…適量

麥擱鱸

步驟

1　熱鍋倒油，爆香薑絲及蔥白。
2　將水煮滾後，置入鱸魚塊。
3　持滾約3～5分鐘，確認魚肉熟透後加入米酒，即可點香油 撒蔥花服用。

▲▲遇到奧客盧小小，當下總是有股想冰斗【註：翻桌(台)。】的衝動，好在我都有想起自己是一條狗 並沒有真的那麼作。▲▲

請——給分！ ♡♡♡♡♡

下重本的大牡蠣濃湯

金價牡湯。

材料

冷凍大牡蠣…6顆
★於新合發網站購入

洋蔥…1/2顆
蒜瓣…3瓣
紅蘿蔔…1/3段
馬鈴薯…1顆
蘑菇…4顆
牛奶…200ml
雞高湯…200ml
勾芡水…50ml（水：粉＝1：2）
鹽巴…1小匙

牡湯啦

步驟

1. 提前約半小時恭請大牡蠣出冷凍庫隔水退冰。
2. 熱鍋倒油，炒香蒜末與洋蔥丁。
3. 加入馬鈴薯與紅蘿蔔丁一起翻炒。
4. 倒入雞高湯，開中大火煮至滾後轉小火燉煮約15分鐘至軟爛。
5. 加入牛奶，再次煮滾後，置入尊貴不凡大牡蠣。
6. 以繞圈方式加入芡汁勾芡，持續攪拌至湯體轉濃稠即可服用。

▲▲正所謂千金難買好同事；有些人需要你救援時就說同事一場大家互相，你需要他時就說最近很忙；這種過河拆橋的同事金價牡湯。▲▲

請——給分！ ♡♡♡♡♡

享天倫之樂的老菜脯雞湯

老菜脯、菜脯本人以及他兒子菜頭，三代齊聚一堂同歡（搭肩膀搖）。

材料

菜脯他兒子也就是白蘿蔔…1根
菜脯本人…3～5根
菜脯他爸爸之老菜脯…2根
全聯的桂丁土雞切塊…1盒
可以淹過以上食材的水…約1500ml

超溫馨

步驟

1. 汆燙雞肉塊去血水，汆燙完畢後夾出，用水沖洗掉雜質。
2. 不在乎湯頭清澈與否的人可以省略上述步驟。
3. 將老中青三位蘿蔔家族成員跟雞肉一起置入鍋中，轉中大火煮至滾後，上蓋轉小火滾約1小時即可服用。

▲▲看著鍋裡老菜脯兒孫滿堂，大夥一同在雞湯裡快樂翻滾的畫面著實讓人不勝唏噓，畢竟敝套房裡的兩犬這幾年奔波操勞之下精卵品質頗為堪憂，這輩子怕是無後了。▲▲

請——給分！ ♡♡♡♡♡

充滿人生隱喻的餛飩湯

在海海人生載浮載沉，前途一片混沌。

材料

全聯絞肉（細）⋯1盒
青蔥⋯1根
醬油⋯1大匙
醬油膏⋯1大匙
米酒⋯1大匙
糖⋯1小匙
鹽⋯1小匙
白胡椒⋯適量
香油⋯1小匙
水⋯100ml
餛飩皮約⋯40張

薑⋯1個大拇指的薑磨成泥

了然喔

步驟

1. 也不是沒想過買現成的餛飩回來煮；在這種猶豫躊躇的交叉路口，停下來問自己是誰，答案往往昭然若揭。我就是租小套房還硬要煮的那位。
2. 操出攪拌盆，置入絞肉並加入調味料及青蔥末，攪拌至有黏性。
3. 攪拌過程中，將100ml的水分次加進絞肉中攪拌至吸收，進行打水，以求肉餡多汁不乾澀。
4. 肉餡完成後，開始進行套房代工業之包餛飩。
5. 將餛飩皮以方形春聯的方位放置手掌，取適量肉餡置於中間。餛飩皮四邊抹水，上下兩角貼合後呈一等腰三角形，將等腰三角形兩邊確實黏合。兩角往中心方向，沾水黏合即完成。
6. 無法將上面文字敘述於腦中影像化的捧由，這世界有一種發明很好用，叫做youtube。
7. 起一鍋滾水，放入生餛飩。再次煮至水滾且餛飩浮起時即可撈出。
8. 將餛飩放入混有油蔥酥、白胡椒粉、芹菜珠並點上香油的高湯裡即可服用。

▲▲「這樣大費周章就為了吃上一碗餛飩湯是何苦？」人生往往就是一場徒勞，我爽就好。▲▲

請――給分！ ♡♡♡♡♡

味噌湯界的瑪莎拉蒂

嚕嚕嚕嚕嚕！！！（引擎模擬音效）

材料

味噌醬…2大匙
貢丸…2～3顆
解凍好的大干貝…2粒
紅蘿蔔…1/4段
洋蔥…1/2顆
雞蛋…1顆
豆腐…1/2盒
海帶芽…適量
水…900ml
蔥花…適量

嚕的讚

步驟

1. 用少量油拌炒紅蘿蔔薄片與洋蔥片直至香味散出。
2. 如果當日太晚逃離公司或不在乎脂溶性維生素A的吸收率，以上步驟可省略。
3. 加入水，煮至水滾後轉中小火滾至紅蘿蔔及洋蔥軟爛，放入貢丸、豆腐、海帶芽後，以轉圈方式倒入蛋液以形成蛋花。
4. 以上食材入列後，呈歡迎隊形（咦有這種隊形嗎？）請干貝進場！！！
5. 味噌醬以少量熱湯水拌開，倒入鍋內，攪拌均勻再撒上蔥花即完成。

▲▲騎 wemo 跑業務的社畜也喝得起的上流湯品。▲▲

請——給分！♡♡♡♡♡

要多濃有多濃的玉米濃湯

如同對主管的恨意。

材料

玉米罐頭…1罐
洋蔥…1顆
紅蘿蔔…1/4條
火腿…適量
雞蛋…1顆
牛奶…250ml
水…100ml
奶油…30g
太白粉…2匙
鹽巴…適量
黑胡椒或白胡椒…適量

濃得化不開

步驟

1. 洋蔥，紅蘿蔔，火腿切丁。進行這個動作時，可以默念主管姓名，會順暢很多。
2. 開小火投入奶油，拌炒上述食材至香味出現。
3. 倒水，燉煮至紅蘿蔔丁軟爛，約15分鐘。
4. 這個空檔請去打蛋，混和太白粉跟50ml的水，並開啟玉米罐頭。
5. 多工處理同步作業對社畜你我乃家常便飯，不怕。
6. 水滾後，以畫圈方式倒入蛋液，形成蛋花，此時也可投入玉米粒。
7. 倒入牛奶後等待再次煮開，加入太白粉跟水的芡汁，持續攪拌以免焦鍋。
8. 當湯體變得濃稠，加入鹽巴及胡椒調味後即可服用。

▲▲如果這天已經被主管折磨到無法操鍋動鏟，放過自己去喇一包康寶濃湯就好，別為了一鍋湯把自己逼到絕境。留點力氣明天好上班。▲▲

請——給分！ ♡♡♡♡♡

自助餐店菜頭湯 4.0
內含整粒貢丸香菇跟排骨

當別人家夥計一整天，下班作自己的超佛心老闆娘。

材料

全聯排骨肉…1 盒
白蘿蔔…1/2 條
香菇…4 朵
貢丸…4 顆
水…800ml
鹽巴…2 小匙
白胡椒粉…適量
香菜…適量

全新升級

步驟

1. 起滾水一鍋，置入排骨肉快速汆燙去血水。
2. 白蘿蔔削皮切塊後，跟排骨、貢丸、香菇這幾位好友一起攜手入鍋。
3. 倒水後，蓋上鍋蓋以中小火燉煮約 45 分鐘。
4. 這個空檔可以打開 1111 為自己的人生尋找轉圜；或是放空看 netflix 假裝一切都很好。
5. 我沒用的選了後者。
6. 打開鍋蓋以鹽巴跟白胡椒調味後即可服用。

▲▲香菜部分依個人喜好添加；而這是你一天中少數能展現自由意志的時刻。▲▲

請——給分！ ♡♡♡♡♡

炒到我靈魂出竅的洋蔥湯

咦這種魂不附體神不守舍,猶如行屍走肉的感覺怎麼如此熟悉。

材料

洋蔥…3顆
牛頭牌雞高湯…1罐
水…600ml
奶油…10g
糖…1湯匙
黑胡椒、鹽巴…適量

神智恍惚

步驟

1. 含淚將三顆洋蔥切絲。
2. 熱鍋倒油後,開始以中大火翻炒洋蔥絲們。
3. 如果鍋子不夠大,可逐次加入洋蔥絲翻炒至出水體積縮減;毋須勉強一次全部投入。
4. 投入奶油是為了增加香氣,糖則是用來加速焦糖化的過程;體脂肪過高的朋朋可略過,本人因為沒什麼羞恥心所以是都加了。
5. 火力在洋蔥絲開始變成淺褐色前都可以維持中大火,一旦開始變色進入焦糖化的過程就需調整火力以免焦鍋黏底悲劇。
6. 總之就是炒,各種炒,炒到洋蔥它媽都認不出它,炒到你靈魂出竅直到整鍋洋蔥變深褐色。
7. 加入雞高湯跟水後煮滾,再撒上胡椒跟鹽巴調味即可關火服用。
8. 我怕自己餓還有多放一塊假掰的焗烤乳酪麵包。

▲▲當了一整天的walking dead,直至喝到這碗洋蔥湯的甘醇甜美才回到地球表面;好喝到讓我想狂吠。▲▲

請──給分! ♡♡♡♡♡

Chii 的麻油雞

米酒套下去哪有不桑的，一定桑啦！

材料

超市土雞肉…1盒
紅標純米酒…300ml
水…500ml
薑…1根
麻油…3大匙
枸杞、紅棗…適量
高麗菜…1/4顆
金針菇…1/2包
米血…1/2塊
鹽巴…適量

超雞桑

步驟

1. 不確定讓人感到寒冷的是天氣還是禮拜一，總之今晚我想來點麻油雞，汪汪。
2. 鍋子裡下兩匙麻油，開小火煸薑片全香味出。
3. 沒有煸到薑片本人捲曲其實沒關係啦；Don't worry～
4. 擔心無法掌控火力搞到麻油反苦的話，用沙拉油來煸也是可以的；no need to panic，OK？
5. 雞肉下鍋翻炒至上色，倒水煮至滾。
6. 等水滾的這段時間什麼都不要作不要想。R～E～L～A～X, just relax。
7. 水滾後放入剩餘食材，煮至大夥軟爛在鍋子裡整個 laid～back 貌。
8. 趁鍋子仍持滾時倒入整鍋的本體也就是米酒，並加入剩下的麻油畫龍點睛即可服用。

▲▲酒精需求量不高的朋友可以在倒水時就一起倒入米酒。（咦我有這種朋友嗎？）▲▲

請——給分！ ♡♡♡♡♡

喝到ㄎㄧㄤ掉的燒酒雞

我是誰？？？我在哪？？？

ㄎㄧㄤ

材料

帶骨土雞切塊…1盒
燒酒雞藥膳包…1包
米酒…3支
油…適量

步驟

1. 中藥材用水快速沖洗一下以去除灰塵。
2. 倒入第一支酒來滾煮藥材。
3. 滾個十分鐘後撈出藥材。
4. 請勿智障的倒掉滾好的高級養生藥材水，等等它還要出場謝謝。
5. 熱鍋倒油，炒香撈出的藥材跟雞肉。
6. 雞肉上色後 倒入第二支酒開始燉煮。
7. 如果第二支酒無法淹過所有的雞肉，可倒第三支。
8. 怕自己喝完後就登出的人可以加水就好。
9. 滾至雞肉都熟了以後，倒入剛剛的高級養生藥材水。
10. 再次滾起時就可以關火服用。

▲▲想忽略上述步驟一股作氣全部都倒進電鍋裡結案也是可以的。

喝完這鍋湯的我不再是條狗，是一條ㄎㄧㄤ掉的狗，啊嘶！！！！！▲▲

請──給分！ ♡♡♡♡♡

汪汪旺來苦瓜雞湯

> 「老闆，您找我（苦瓜臉）？」

汪汪汪

材料

桂丁土雞切塊…1盒
　★於全聯購入
苦瓜…1條
新鮮鳳梨…1/2顆
蔭鳳梨…1/2罐
水…1000ml
鹽巴…適量

步驟

1. 起一鍋滾水，汆燙雞肉去血水雜質。
2. 苦瓜洗淨後對半切，以湯匙徹底刮除內部種籽與海綿體（？）
3. 汆燙苦瓜塊可降低苦味。本人略過此步驟「吃苦瓜還怕苦瓜苦是不會直接去吃哈密瓜？荒～～～謬」！！！
4. 新鮮鳳梨可取鳳梨尾部（靠近鳳梨長頭髮那個部分）較酸部分入菜。
5. 我是沒分頭尾，直接對半切再分切小塊（謎之音：你是不是老這樣做事馬虎才常常出包被電呢？）。
6. 置入所有食材後，轉中大火煮至滾沸後即可轉小火，上蓋燉煮1小時左右即可服用。

▲▲我不確定苦盡是否會甘來，但主管每次叫我，我都會喊汪汪馬上來！▲▲

請——給分！ ♡♡♡♡♡

被公司折磨得面目全非喝還我漂漂湯

視訊會議時被螢幕中面容枯槁的自己嚇醒。

步驟

吼哩水噹噹

1. 已經窮了，不能再醜。
2. 雞高湯混合水以後，先加入不易熟軟的紅白蘿蔔塊、洋蔥燉煮至水滾。
3. 再加入玉米段、南瓜塊持續滾煮至熟軟。
4. 西洋芹洗淨後可先以削皮刀刮除外層老硬纖維，以免咀嚼過度加深法令紋。
5. 陸續加入剩餘食材，再次滾起後即可關火服用。

材料

白蘿蔔…1/4 段
紅蘿蔔…1/4 段
玉米…1 根
南瓜…1/8 顆
牛番茄…1 顆
洋蔥…1/2 顆
西洋芹…3 根
香菇…2 朵
金針菇…1/2 包
雞高湯罐頭…400ml
水…600ml
鹽巴…適量

▲▲漂漂湯並不會讓你一秒變帥哥美女（只有麵店或早餐店老闆娘才有這種超能力），但時常飲用這款湯品有助降低素顏照鏡子，或需要脫口罩示人的心理恐懼。▲▲

過好爽的烤年糕

先是在烤箱三溫暖，又去紅豆湯泡溫泉；這樣鬆軟香甜的人生人家也想要～～～

步驟　五告送

1. 紅豆洗淨後泡水3小時。
2. 外鍋倒入2杯水後，按下煮飯開關。待開關彈起後，內鍋加黑糖，外鍋再加2杯水。開關再次彈起時，年糕他要爽泡的紅豆湯溫泉完成。
3. 有請過好爽的年糕出場。
4. 先送進烤溫攝氏200度的三溫暖，至他本人面色金黃表面酥爽。
5. 接著再帶它去泡香甜可口的黑糖紅豆湯，待稍微吸收湯汁後即可服用。

材料

新潟魚沼產麻糬丸…2顆
　★於pekoe網站購入
紅豆…1杯
電鍋———內鍋水…4杯
外鍋…4杯
黑糖…50g（糖量可依個人螞蟻體質酌量增減）

▲▲這年糕快活成這樣，是有在尊重每天逼自己走出家門去上班的人嗎?!?! 怒吃！！！！！▲▲

公司就算不啃你的骨 也要剝你的皮辣椒雞湯

對員工仁慈就是對老闆殘忍。

材料

桂丁雞切塊⋯700g
剝皮辣椒罐頭⋯1罐（450g）
水⋯900ml
米酒⋯100ml

> 職場即修羅場

步驟

1. 吃人嘴軟，拿人手短；難道你還能回吸公司的血不成？
2. 煮鍋雞湯來喝卡實在啦。
3. 起一鍋滾水，汆燙雞肉塊去血水雜質；汆燙完畢後取出備用。
4. 倒入剝皮辣椒罐頭後，倒入清水以中大火煮至滾沸。
5. 煮滾後轉小火開始燉煮約1小時。
6. 趁持滾加入米酒100ml後即可關火服用。

▲▲這道湯品毋須再額外加鹽；想想你隔日的待辦事項跟薪資單，這湯絕對喝起來夠嗆辣夠鹹。▲▲

請——給分！ ♡♡♡♡♡

人算不如天蒜頭蛤蠣雞湯

真的沒想過,工作這麼多年存款算下來竟然可以這麼少(震驚)。

材料

桂丁土雞骨腿塊…500g
大蒜…3～4顆
蛤蠣…半斤
水…700g
米酒…100g
鹽巴…適量

蒜惹啦

步驟

1. 幫所有的蒜瓣去蒂頭跟剝皮;藉由這個過程讓自己從精算存款後的崩潰恢復鎮靜。
2. 起一鍋滾水,汆燙雞肉塊去血水雜質;汆燙完畢後取出備用。
3. 熱鍋倒油,爆香1/2份量的蒜頭。
4. 加入水及雞肉轉中大火煮至滾沸;滾沸後轉小火滾煮20分鐘。
5. 置入剩餘的1/2蒜瓣再滾煮20分鐘。
6. 不在意蒜頭被燉到粉身碎骨的話,也可一開始就全數投入。
7. 將已經吐好沙的蛤蠣洗淨,放入滾沸的雞湯中;等到蛤蠣們都張嘴跟你一起哭喊「媽媽存款好少!!!」的時候即可關火。
8. 趁持滾時加入米酒,撒入鹽巴後即可服用。

▲▲這世間事往往是人算不如天算,所以我說就蒜惹吧,喝湯啦。▲▲
#也沒多少錢可以蒜

請──給分! ♡♡♡♡♡

蒜頭雞湯
白天也許不懂夜的黑

但主管純粹是不在乎你有多累。

材料

桂丁土雞切塊…700g
黑蒜頭…2球
白蒜頭…2球
水…900ml
米酒…100ml
枸杞…適量
鹽巴…適量

> BGM：白天不懂夜的黑

步驟

1. 回到家有一種自己就快要報廢的感覺。決定來碗消除疲勞的黑蒜頭雞湯，隔日才有力氣繼續吠。
2. 起一鍋滾水，川燙雞肉塊去血水雜質；汆燙完畢後取出備用
3. 將黑白（ㄓㄨˇ）蒜頭（ㄍㄨㄢˇ）剝皮後，取出裡面的蒜（ㄐㄧㄢˋ）仁。
4. 熱鍋倒油，炒香白蒜頭及雞肉塊後，加入水、米酒及黑蒜仁轉中大火煮至滾沸；滾沸後轉小火開始燉煮至少約40分鐘至1小時即可關火。
5. 趁湯水仍持滾時置入枸杞與鹽巴調味，確認鹹度合意即可服用。

▲▲「這種日子蒜什麼？」每當這個問題浮上心頭，我不敢細想只是低頭大口喝湯，「ㄨ超燙。」。▲▲

請——給分！ ♡♡♡♡♡

我聽見他們在談論理想 人蔘雞湯

理想人生是什麼模樣我還沒有確切解答，但癡心妄想倒是有好幾打。

材料

桂丁土雞骨腿塊…500g
人蔘雞湯藥膳包
　★於中藥行購入
水…700ml
米酒…300ml
鹽巴…1小匙

> 這就是人蔘

步驟

1. 人蔘勝利組往往對未來信心滿滿，而魯蛇我只常常覺得人蔘好難嗚。
2. 起滾水一鍋，汆燙雞肉塊去血水雜質；汆燙完畢後取出備用。
3. 中藥材快速以冷水沖洗去除灰塵。棗類可先捏破，讓藥性更容易釋放。枸杞起鍋前再置入即可以免破碎不堪。
4. 將藥材及汆燙好的雞肉置入鍋中，倒入700ml的水。
5. 開中大火煮至滾後，轉小火燉煮約1小時。
6. 趁仍持滾時放入枸杞並倒入米酒。

▲▲何謂理想人生當然沒有標準解答，但存款微薄的人生自然是少了一些選項。至少今晚的我還有一鍋雞湯，房東太太也還沒要我滾出套房。▲▲
#這鍋要一路續滾到月底

請──給分！ ♡♡♡♡♡

半天筍…就是…檳榔心…（氣…若…游絲……）

今天……累…到…命…去…一…半天筍…雞湯……

材料

土雞腿塊…400g
半天筍…200g
薑片…20g
紅棗…10顆
枸杞…適量
水…500ml
米酒…100ml
鹽巴…適量

差點…往生…

步驟

1. 檳友啊…提振菁神…勿嚼食…檳榔…來碗…半天筍…aka…檳榔心…雞湯…補充元氣…

2. 起…滾水…一鍋…汆燙…雞肉…去除…血水…雜質…；汆燙…完畢…取出…備用…

3. 半天筍…涼性重…加…紅棗…枸杞…薑片…平衡；台灣狗…奴性重…沒藥醫…汪…

4. 鍋中…置入雞肉…紅棗（記得…掐破…）…薑片…水…米酒…開大火…煮滾…再轉小火…滾他個…至少…半小時…

5. 起鍋前…五分鐘…放入…枸杞…還有…半天筍…不然…它就只是一鍋…雞湯…不是…半天筍…雞湯…

▲▲賺錢有數…性命要顧…半天筍…燉雞湯…熱熱喝…豪酥胡…▲▲

請──給分！ ♡♡♡♡♡

CHAPTER 7

酒水篇

整間套房都是你的小酒館；喝茫還可直接躺地板。

CHAPTER 7　　酒精攝取之必要

今天沒心情上班之草莓琴費士 (Gin Fizz)

講得好像明天就會有一樣。

材料

草莓琴酒…45ml
　★於家樂福購入
檸檬汁…1大匙
草莓…1顆（不含裝飾用份量）
砂糖或糖漿…1小匙
氣泡水…適量
冰塊…適量

> 沒有適合上班的日子

步驟

1. 嚴格說起來上工時就兩種狀態：沒心情、很沒心情。酒倒是種類不拘，每又都很有興致來上一杯科科。
2. 取一顆草莓去除蒂頭後，放入杯中以湯匙搗爛。
3. 加入檸檬汁、砂糖或糖漿、草莓琴酒。
4. 琴酒量可依當日經手廢事多寡酌量增加。
5. 加入氣泡水及冰塊補滿杯身，攪拌均勻即可服用。

▲▲當一個成熟的大人做事不用看心情，身後的帳單自然會讓我們時間一到就起床連滾帶爬到辦公室去。▲▲

請——給分！♡♡♡♡♡

抄出一把螺絲起子

並不是要尻主管的頭，只是**想把自己轉鬆**。

材料

柳丁汁…200ml（約2～3顆）
伏特加…100ml
冰塊…適量

> 粗暴行為，大可不必。

步驟

1. 栓緊了一天，必須鬆。
2. 柳丁汁與伏特加以2：1比例攪拌混合。
3. 如果想徹底鬆脫 請手動調整成1：2。

請——給分！ ♡♡♡♡♡

▲▲關於一顆小螺絲有多麼功不可沒，我始終存疑；生鏽了、斷裂了、遺失了，老闆也只是再買一顆來補而已。拎啦。▲▲

被客戶轟得體無完膚要喝B52轟炸機

在理智線斷裂喊出老娘不幹了之前，先讓自己喝到斷片。

材料

卡魯哇咖啡酒⋯15ml
　★於家樂福購入
貝禮詩奶酒⋯15ml
　★於家樂福購入
君度橙酒⋯15ml
　★於好市多購入

已登出

步驟

1　將三種酒依序倒入杯中：咖啡酒、奶酒、橙酒。
2　分層效果必須使用一支小湯匙卡在杯壁，作為液體入杯前的緩衝。
3　最後用點火器製造裝逼的燃燒感（房東我不是在玩火，請不要誤會把我趕走拜偷。）。
4　怕燙的可略過前步驟直接服用。

▲▲不怕燙要裝逼的也要插入吸管再服用，那杯子真的修修修噢。▲▲

▲▲有人說週間就喝shot會不會太猛烈？Well,死過的人怎麼會怕隔天宿醉？Anyway, life is short, just⋯拎啦。▲▲
#喝茫時會烙英文

請——給分！♡♡♡♡♡

強烈建議麥當勞要推出的威士忌可樂

反正對客戶提什麼案都會被打槍；我就喊喊自爽。

材料

麥當勞可樂⋯1杯
波本威士忌⋯50ml

隱藏版特調

步驟

1. 買好麥當勞套餐回家，飲料搭配中杯可樂。
2. 不用假裝有羞恥心點零卡可樂了啦，都在吃麥當勞還加點蘋果派了。
3. 把可樂倒進威士忌混合後即可服用。

▲▲喝得茫茫桑桑再吃得油油香香，短暫忘卻作為社畜的悲傷。▲▲

請——給分！ ♡♡♡♡♡

今年也一事無成 有點悲桑格利亞水果酒

明年一定要更認真喝噢！！！加油！！！

材料

廉價紅酒…500ml
檸檬…1顆
柳橙…1顆
M號蘋果…1顆
砂糖…30g
雪碧或氣泡水…350ml
裝飾用柳橙切片、檸檬切片…各1

一言為定

步驟

1. 欸好啦不要一直練肖威，酒多喝兩杯才是正解(嗯?)。
2. 蘋果切小塊狀或薄片使果香甜度容易釋放；檸檬與柳橙皆榨汁。
3. 將上述柑橘類果汁與蘋果丁置入玻璃容器中，倒入砂糖及紅酒。
4. 裝飾用橙片或檸檬片請勿於此時投入以免外皮產生苦味。
5. 放入冰箱冷藏至少8小時後取出。
6. 飲用前根據個人甜度喜好加入雪碧或氣泡水，也可依個人酒精耐受度額外添加橙酒或白蘭地提升爽度。

請──給分！ ♡♡♡♡♡

▲▲是說這種一事無成不上不下的狀態也不是兩三天；喝到茫茫深更時我對自己說別悲桑，生活自會想方設法讓你痛讓你成長，現在請先讓自己桑。▲▲

嗡嗡嗡的一天要喝 蜂之膝 (Bee's Knee)

累到**腳軟**。

材料

琴酒…50ml
　★於my酒網門市購入
蜂蜜…25g
檸檬汁…25g
冰塊…適量
氣泡水…適量

大家一起勤做工♪

步驟

1　混合上述材料即可服用。
2　琴酒比例可依當日待辦事項清單長度調整。

▲▲是說小蜜蜂這首歌的作詞者應該壓力頗大；否則怎麼會寫出「作工興味濃」這麼荒唐的歌詞呢？明明作工時只有幹意可以濃。總之，嗡了一天我不想作工只想放空。▲▲

請——給分！ ♡♡♡♡♡

少女心大噴發的粉紅草莓貝禮詩

掏錢買草莓時還是要拿出大嬸的狠勁殺價。

材料

草莓…數顆
草莓貝禮詩…100ml
立頓草莓奶茶…200ml
冰塊…適量

> 能少十塊是十塊

步驟

1. 草莓貝禮詩：草莓奶茶＝1：2。
2. 此款飲品甜度偏高，建議冰塊可以多放幾顆，或是佐草莓一起服用。

請──給分！ ♡♡♡♡♡

▲▲是說少女心這種東西早就離我遠去很久；畢竟作為一條社畜，保有少女心遠不如主管幫我加薪來得實在啊。▲▲

推薦給輕度便祕患者的養樂多套高粱

讓腸胃跟心情不再緊張作伙一起桑。

材料

金門58度高粱…100ml
養樂多…2罐
冰塊…適量

腸保快樂

步驟

1　高粱：養樂多＝1：2

請——給分！ ♡♡♡♡♡

▲▲社畜不但一肚子苦水，三不五時還滿肚子大便；用這杯養樂多套高粱，祝福你我人生跟腸道一路暢通順遂。▲▲

半夜睡不著覺要喝熱巧克力牛奶酒

把心情哼成歌，應該只會聽到吹狗螺聲。

材料

莫札特巧克力酒…100ml
　★於家樂福購入
熱牛奶…100ml
可可粉…適量（可略）

嗷嗚～

步驟

1. 半夜睡不著覺，與其到屋頂找另一個夢境，不如喇一杯讓自己身心靈平靜。
2. 加熱鮮奶至微滾。
3. 將熱鮮奶加入巧克力酒攪拌均勻後，撒上適量可可粉即可服用。

▲▲「胃開始糾結，客戶別再靠杯～～～（麥克風）」。▲▲

請──給分！ ♡♡♡♡♡

來來來 將燒啤捧高高

請自行搭配台語
女歌手龍千玉～
第三杯酒的旋律，
謝謝。

材料 ♥燒

草莓啤酒…1罐
草莓燒酒…1罐
冰塊…適量

步驟

1. 燒酒：啤酒＝3：7；比例可依當日心情低落程度調整。

▲▲喝完三杯，明仔載頭犁犁來企上班。▲▲

禮拜一不喝行嗎之威士忌水割

再嗑一塊生巧克力也是剛好而已。

材料 ♡拎♡ 步驟

威士忌…50ml
水…125ml
冰塊…適量
生巧克力…1塊

1　威士忌：水＝1：2.5

▲▲拎啦▲▲
#累到不想多說什麼只想尋求酒精跟甜食的慰藉

理想生活大概是像 Mojito 這樣

甜甜涼涼茫茫的。

材料

薄荷…1把
砂糖…1小匙
檸檬汁…1大匙
蘭姆酒…4大匙
氣泡水…200ml
冰塊…適量

喝！都喝！

步驟

1　薄荷用開水沖洗掉灰塵。
2　把薄荷跟砂糖放進杯子，用木匙輕輕轉壓葉片釋放薄荷清香。下手太粗殘會喝到渣渣。
3　把剩下的材料置入，攪拌均勻後即可服用。

▲▲現實生活約莫像這杯Mojito旁那顆被榨過的檸檬。▲▲

請──給分！ ♡♡♡♡♡

人生就算沒有粉紅泡泡
也不能血尿的葡萄柚琴通寧

沒有粉紅泡泡可以自己創造，血尿只能請假去掛號。

材料

葡萄柚…1顆
琴酒…50ml
通寧水…1罐
　★於家樂福購入

> 記得按時上廁所

步驟

1. 把擠好的葡萄柚汁、琴酒和通寧水混合即完成。

▲▲什麼浪漫啊理想的早就被現實磨掉，桌墊下的便利貼寫的是定時喝水，離開辦公桌去尿尿。▲▲

請——給分！ ♡♡♡♡♡

廢宅系社畜平安夜活動指南。

人家在開耶誕趴我龜在家鍋煮香料熱紅酒讓自己桑

材料

廉價紅酒…1支
甜橙…1顆
蘋果…1/2顆
熱紅酒香料包…1包（1包50元）
★於迪化街黃長生中藥行購入
砂糖…1大匙

燒燒啊拎

步驟

1. 蘋果切片置入鍋中撒上砂糖，開小火煮至蘋果出汁變軟，砂糖融化。
2. 倒入半罐紅酒，加入橙皮、橙汁、香料煮至滾沸後再多滾個五分鐘讓香料味徹底釋放。
3. 關火後趁仍持滾時再倒入剩下的紅酒即可服用。

請——給分！♡♡♡♡♡

▲▲Ho!Ho!Ho!Merry Christmas!吼吼吼ㄇㄉ為何每天事情多得要死。▲▲

說什麼以茶代酒笑死要喝就喝茶酒

不要被人家看沒有。

材料

伏特加…500ml
茶葉或茶包…20g（我使用蜜香紅茶茶包）
砂糖或冰糖…20g

叫小賀

步驟

1. 準備好乾淨玻璃容器，將材料們全數置入。
2. 可以微幅搖晃一下容器讓糖分及茶汁混合。
3. 浸泡一週後過濾掉茶葉渣渣即可套冰水服用。

▲▲其實我泡到第三天就忍不住倒出來喝了，茶香已經頗足。以下這段話由我來說也許沒有說服力，但還是要鄭重呼籲大家理性飲酒；短時間內大量灌酒會使人立即喪命。▲▲

請——給分！ ♡♡♡♡♡

與其罵雪特不如瑪格麗特

畢竟揣著狗屎不放並不會更快樂。

材料

龍舌蘭…50ml
　★於家樂福購入
君度橙酒…30ml
檸檬汁…30ml
鹽巴…適量
冰塊…適量

Sh*t

步驟

1　用檸檬片沿著杯口劃一圈，以利鹽巴沾附。
2　取一小碟倒上鹽巴。
3　將杯口壓上鹽堆，完成鹽口杯。
4　混合龍舌蘭、橙酒及檸檬汁盛裝於杯中即可服用。

▲▲快樂當然是一種選擇，但最好是存摺裡有鉅額，然後隔天再也不用進公司了！▲▲

請──給分！♡♡♡♡♡

後記

也許煮飯是我最不廢物的時候。

撰寫這篇後記的此時，我已經完成全數稿件但仍未看見成書。然而無論最終它們會長成什麼樣子，若能讓人在這世界感受到一點什麼，這些字跟菜便完成了它們的任務。

感謝野人文化全體汪汪隊成員，以及編輯麗娜協力促成這本出格的食譜書，並且專業協助這一年多來的大小疑難雜症；沒有他們便沒有這本書。

感謝社群媒體曾為我的作品駐足、給予反饋的每一位朋友；知道有無數的朋友跟我一樣，還沒進辦公室就想回家讓我感到安慰。

感謝拍謝少年的音樂，陪我渡過無數次下班後獨自在房間煮飯的時光。

感謝正妹陳姓同事那年揪我買鍋子，且不時讓我在公司看到一些光亮。

租小套房還硬要煮

感謝即便不完全互相理解，但依然包容支持我的家人。

感謝室友周先生總是以行動展現愛。

感謝2021年11月去當小神仙的咪咪，無條件讓我使用她的玉照作為個人形象照；我將永遠想念她。

感謝這世界存在著一件即便下班很累還是想去作的事，而我也還沒對此厭倦。

汪汪！

IG：lifeisabitch719

bon matin 141

租小套房還硬要煮

作者	租小套房還硬要煮
社長	張瑩瑩
總編輯	蔡麗真
封面設計	TODAY STUDIO
美術設計	TODAY STUDIO
責任編輯	莊麗娜
行銷企畫經理	林麗紅
行銷企畫	蔡逸萱、李映柔
出版	野人文化股份有限公司
發行	遠足文化事業股份有限公司
	地址：231 新北市新店區民權路108-2號9樓
	電話：(02)2218-1417
	傳真：(02)86671065
	電子信箱：service@bookreP.com.tw
	網址：www.bookreP.com.tw
	郵撥帳號：19504465 遠足文化事業股份有限公司
	客服專線：0800-221-029

國家圖書館出版品預行編目（CIP）資料

租小套房還硬要煮 / 租小套房還硬要煮 著. -- 初版. -- 新北市：野人文化股份有限公司出版：遠足文化事業股份有限公司發行，2022.04　192面；17×23公分. -- (bon matin ; 141)
ISBN 978-986-384-691-8（平裝）

1.CST: 食譜

427.1

111003155

特別聲明：有關本書的言論內容，不代表本公司／出版集團之立場與意見，文責由作者自行承擔。

讀書共和國出版集團

社長	郭重興
發行人兼出版總監	曾大福
業務平臺總經理	李雪麗
業務平臺副總經理	李復民
實體通路協理	林詩富
網路暨海外通路協理	張鑫峰
特販通路協理	陳綺瑩
印務	黃禮賢、林文義
法律顧問	華洋法律事務所 蘇文生律師
印製	凱林彩印股份有限公司
初版	2022年4月
初版2刷	2022年6月

978-986-384-691-8（平裝版）
978-986-384-696-3（EPUB）
978-986-384-697-0（PDF）

有著作權．侵害必究
歡迎團體訂購，另有優惠，請洽業務部（02）2218-1417 分機 1124、1135